LAS MATEMÁTICAS
DE LA NATURALEZA

La invisible estructura que subyace
a la armonía del mundo

CARLO FRABETTI

Shackleton
—books—

Las matemáticas de la naturaleza. La invisible estructura que subyace a la armonía del mundo
© de los textos, Carlo Frabetti, 2016.
© de esta edición, Shackleton Books, S. L., 2025.

Shacklet◉n
—b o o k s—

(f) (y) (◎) @Shackletonbooks
shackletonbooks.com

Realización editorial: Bonalletra Alcompas, S. L.
Diseño de cubierta: Lookatcia
Diseño: Kira Riera
Maquetación: reverté-aguilar
© Ilustraciones: Jordi Dacs
© Fotografías: Todas las imágenes de este volumen son de dominio público excepto las de las páginas 11(Nicku/ Shutterstock.com), 22 (Claudio Divizia / Shutterstock.com, Vladimir Wrangel / Shutterstock.com y Ángel Lina / Shutterstock.com), 35 (Grey Carnation / Shutterstock.com), 45 (Hans Slegers / Shutterstock.com), 49 (Hadrian / Shutterstock.com y Clarissa Harwell / Shutterstock.com), 51 (Luc Viatour / www.Lucnix.be/ Wikimedia Commons), 52 (Jakub Krechowicz Shutterstock.com), 58 (Offscreen / Shutterstock.com), 63 (Pi-Lens / Shutterstock.com), 64 (Andrii Siradchuk / Shutterstock.com), 67(Africa Studio/ Shutterstock.com), 68 (Suthat Chaithaweesap / Shutterstock.com y Natasha Breen / Shutterstock.com), 69 (Filip Bjorkman / Shutterstock.com), 73 (Lisa A/Shutterstock.com y movit/ Shutterstock.com), 82 (Bernhard Richter / Shutterstock.com), 84 (Planner / Shutterstock.com), 86 (Jeanette Dietl / Shutterstock.com), 98 (Georgios Kollidas/ Shutterstock.com),105 (Georgios Kollidas / Shutterstock.com), 122 (Natalia van D. / Shutterstock.com y azure1 / Shutterstock.com), 131 (Gettyimages).

Depósito legal: B 13581-2025
ISBN: 978-84-1361-356-7
Impreso por EGEDSA (España)

Contenido

A modo de introducción: El libro de la naturaleza

«El libro de la naturaleza está escrito con el lenguaje de las matemáticas», dijo Galileo, y también: «Hay que medir todo lo que es medible y hacer medible lo que no lo es». Esta era una forma de decir que la mera descripción de los fenómenos naturales no bastaba, había que expresarlos mediante fórmulas matemáticas que permitieran realizar cálculos y predicciones fiables. No era suficiente con saber que un objeto que cae desde cierta altura se mueve verticalmente hacia abajo y lo hace a gran velocidad, sino que, además, había que calcular esa velocidad de caída. Y para ello era necesario realizar unas mediciones precisas.

Solemos pensar que la calidad es mejor que la cantidad, pero eso solo es cierto si usamos el término «calidad» en su sentido más coloquial y meliorativo, como cuando decimos que es mejor tener pocos amigos buenos que muchos malos. Pero, en realidad, lo cuantitativo supone un avance sobre lo cualitativo (un salto cualitativo, valga la paradoja). Decir de alguien que es alto (cualidad) es dar una información poco precisa y, además, relativa: no es lo mismo ser alto en Perú que en Noruega; si decimos de alguien que mide 1,85 m (cantidad), estamos dando una información muy precisa que nos permite desde comprarle un traje a esa persona hasta encargar su ataúd. Esto es lo que Galileo comprendió en toda su importancia (y antes que él, Leonardo da Vinci, como veremos más adelante), y con esta visión matemática del mundo y la consolidación del pensamiento cuantitativo se inició la ciencia moderna.

El propio Galileo contribuyó notablemente al desarrollo de su programa de medición universal, pues al descubrir que el período de oscilación de un péndulo solo depende de la longitud de su brazo y no de su masa ni de la amplitud de la oscilación, dio paso a la elaboración de relojes muy precisos que permitieron medir el tiempo con exactitud (aún hoy seguimos usando relojes de péndulo, cuya precisión es comparable a la de los digitales). Y medir el tiempo con exactitud significaba poder medir también velocidades y aceleraciones, lo cual, a su vez, permitió empezar a expresar los fenómenos naturales mediante fórmulas matemáticas.

Y en eso estamos: seguimos midiendo todo lo medible con una exactitud cada vez mayor e intentando hacer medible lo que aún no lo es, asombrándonos sin cesar de que el libro de la naturaleza esté escrito con el claro y preciso lenguaje de las matemáticas. Pues, como dijo Eugene Paul Wigner, premio Nobel de Física:

Galileo Galilei (1564-1642)

Considerado el padre de la ciencia moderna, Galileo Galilei nació en Pisa en 1564. Desde muy joven se interesó por las matemáticas, la astronomía y la física, y siendo todavía estudiante descubrió la isocronía del movimiento pendular (el tiempo de oscilación de los péndulos de  la misma longitud es constante, independientemente de lo amplio que sea su recorrido), que marcó el comienzo de la mecánica como ciencia.

Fue el máximo representante de la Revolución Científica durante el Renacimiento: formuló las primeras leyes del movimiento, creó el telescopio astronómico, descubrió los cuatro satélites mayores de Júpiter, confirmó la teoría heliocéntrica con sus minuciosas observaciones y, sobre todo, hizo del método experimental y el pensamiento cuantitativo las herramientas fundamentales de la ciencia.

En 1633, Galileo fue juzgado por la Inquisición por defender el heliocentrismo, lo que lo convirtió en símbolo del conflicto entre ciencia y religión. Tras ser obligado a retractarse, se cuenta que dijo: *Eppur si muove* ('Y sin embargo, se mueve', refiriéndose a la Tierra), que se convertiría en el lema del racionalismo frente al dogmatismo religioso. Ø

La enorme utilidad de las matemáticas en las ciencias naturales es algo que roza lo misterioso, y no hay explicación para ello. No es en absoluto natural que existan leyes de la naturaleza, y mucho menos que el ser humano sea capaz de descubrirlas. Lo adecuado que resulta el lenguaje de las matemáticas para la formulación de las leyes de la física es un regalo maravilloso que no acabamos de comprender.

No acabamos de comprenderlo, pero cada vez lo tenemos más claro. Con la eclosión de la informática, la «matematización» del saber ha alcanzado niveles que hasta hace poco resultaban inimaginables, y seguimos avanzando a grandes pasos por un fascinante camino que se inició cuando nuestros ancestros empezaron a contar y a medir. Poco a poco, la enorme utilidad de las matemáticas para describir y predecir los fenómenos naturales se fue manifestando a los perplejos humanos, embargados por la sensación de haber recibido un regalo maravilloso.

Seguimos avanzando a grandes pasos, haciendo y descubriendo camino al andar; este camino recorre la naturaleza en todas direcciones para adentrarse en sus espesuras más remotas y llevarnos más allá; es un camino cuyos vericuetos y principales hitos se intentará describir en las páginas siguientes.

El libro de la naturaleza está escrito con el lenguaje de las matemáticas, y el libro de las matemáticas lo dicta la naturaleza, pues nuestra relación con ella como seres racionales —la necesidad que tenemos de comprenderla y de controlarla— nos obliga a contar y a medir. Dicho de otro modo, la de las matemáticas con la naturaleza es una relación dialéctica, un continuo y fecundo diálogo entre la mente y la materia. Y participar en ese diálogo es una de las más fascinantes aventuras que podemos emprender.

Los números naturales

La necesidad de contar

Mucha gente ve las matemáticas como algo muy alejado de la vida cotidiana, un universo de abstracciones y entelequias que, más allá de unas cuantas aplicaciones prácticas, poco tiene que ver con el mundo real. Sin embargo, las matemáticas empezaron a desarrollarse a partir de necesidades tan básicas como contar objetos o medir distancias y superficies (por eso se denomina «geometría», que literalmente significa «medición de la tierra», la rama de las matemáticas que estudia las figuras). Nuestros ancestros empezaron a contar antes incluso de ser humanos. Lo sabemos porque muchos animales distinguen entre conjuntos de diferente número de elementos, y algunos exhiben una sorprendente capacidad numérica; los cuervos, por ejemplo, pueden contar hasta nueve, en el sentido de que ven incluso la diferencia —difícil de captar de una ojeada— entre un conjunto de ocho elementos y otro de nueve.

Desde que los humanos comenzamos a caminar erguidos, el hecho de tener dos manos libres con cinco dedos en cada una debió de facilitarnos mucho la tarea. Pero una cosa es contar unos pocos objetos cuyo número se puede abarcar de un vistazo, y otra muy distinta contar una gran cantidad de elementos y tener que registrar de alguna manera ese cómputo para no olvidarlo.

¿Por qué 11 es once y no dos?

Una manzana al lado de otra manzana son dos manzanas. Un uno al lado de otro uno son dos unos, o sea, dos. Y, de hecho, así lo entendieron los antiguos romanos, para quienes II era dos. ¿No es más lógico el sistema de numeración romano? ¿Por qué lo hemos abandonado?

El sistema romano era aceptable cuando solo se manejaban números relativamente pequeños, y por eso aún sigue utilizándose para escribir las fechas en las placas conmemorativas, o para indicar las horas en las esferas de algunos relojes, o para designar los siglos y a los reyes: el siglo XXI, Alfonso X el Sabio...

Pero en cuanto pasamos del millar, la notación romana se vuelve excesiva y farragosa; compárese, por ejemplo, MMMCCCXXXIII con 3333. Y, sobre todo, las operaciones más sencillas se vuelven complicadísimas con los números romanos; no hay más que intentar multiplicar XXIV por XVII para comprobarlo.

Por eso 11 es once y no dos, porque... Es mejor explicarlo mediante un cuento.

El cuento de la cuenta

Remontémonos con la imaginación a los primeros tiempos de la ganadería e imaginemos a un pastor ancestral que solo tiene cuatro o cinco ovejas. Cuando las lleva a pastar no necesita contarlas, pues le basta con echar un vistazo para comprobar que están todas. Poco a poco su pequeño rebaño va creciendo, y cada vez le cuesta más saber, de una ojeada, si están todas sus ovejas o falta alguna. Pero cuando llega a tener diez ovejas, el pastor hace un descubrimiento sensacional: si levanta un dedo por cada oveja y tiene que levantar todos los dedos de las dos manos, es que no falta ninguna.

Pero el rebaño sigue creciendo y los dedos de la mano ya no son suficientes. Entonces el pastor tiene otra idea brillante: cuando se acaban los diez dedos, mete una piedrecita en un cuenco de barro y empieza a contar otra vez con los dedos a partir de uno, pero sabiendo que la piedrecita del cuenco vale por diez. Y para descansar las manos y no tener que estar levantando los dedos continuamente, coge un nuevo cuenco y empieza a contar metiendo directamente piedrecitas en él; cuando llega a diez, lo vacía y mete una piedra en el otro cuenco, en el que cada piedrecita vale por diez.

Durante un tiempo tiene suficiente con los dos cuencos. Pero cuando su rebaño crece hasta superar el centenar de ovejas, se da cuenta de que nada le impide repetir el truco de hacer que cada piedrecita de un cuenco valga por diez de las del otro. Coge un nuevo cuenco y, cuando hay diez piedras en el de las decenas, lo vacía y mete una en el tercer cuenco, y esa piedra vale por diez de las de diez, o sea, por cien.

Si al cabo de una jornada de pastoreo, tras meter las ovejas en el redil y contarlas una a una, el pastor se encontraba con cuatro piedras en el primer cuenco, una en el segundo y dos en el tercero, sabía que tenía cuatro ovejas más una decena más dos centenas, o sea, doscientas catorce.

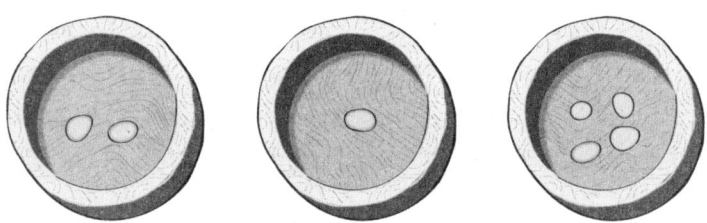

Pero un día el pastor se hace con una tablilla de arcilla y un punzón, y en vez de usar cuencos y piedras de verdad, empieza a dibujar en la tablilla unos círculos que representan los cuencos y a hacer marcas en su interior en lugar de poner piedrecitas; y las marcas son rayas, que con un punzón son muy fáciles de hacer y se ven con claridad.

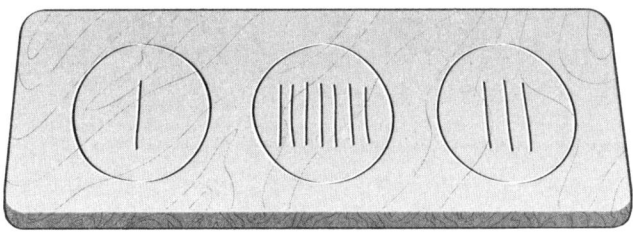

Sin embargo, pronto se da cuenta de que las rayas, si las hace todas verticales o todas horizontales, no resultan muy cómodas, pues no es fácil distinguir de una ojeada siete de ocho u ocho de nueve. Entonces empieza a diversificar los números cambiando la disposición de las rayas.

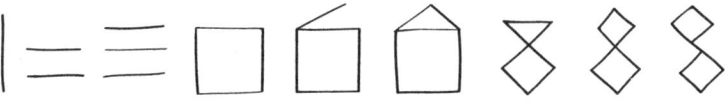

A medida que va familiarizándose con los nuevos números, los escribe cada vez más deprisa, sin levantar el punzón de la tablilla, y empiezan a salirle así:

1 2 3 4 5 6 7 8 9

Poco a poco, va redondeando las formas de sus números con trazos cada vez más fluidos, hasta que acaban teniendo este aspecto:

1 2 3 4 5 6 7 8 9

El pastor enseguida comprende que no hacía falta dibujar los círculos que representaban los cuencos, ahora que los números son compactos y no pueden confundirse las rayas de un círculo con las del contiguo. Así que solo deja el círculo del cuenco cuando está vacío. Por ejemplo, si tiene tres centenas, ninguna decena y ocho unidades, pone en la tablilla:

Podría parecer más fácil dejar un espacio en blanco, pero el espacio en blanco solo se ve si tiene un número a cada lado, y para escribir veinte, por ejemplo, que son dos decenas y ninguna unidad, no se puede escribir solo 2, porque eso es dos. Por lo tanto, es necesario el círculo vacío, y el pastor acaba reduciéndolo para que sea del mismo tamaño que los demás signos, de modo que el trescientos ocho del ejemplo anterior acaba teniendo este aspecto:

308

El pastor ha inventado (o descubierto) el cero, con lo que nuestro maravilloso sistema de numeración está completo.

Las cosas no sucedieron así, obviamente, y aunque es probable que, desde sus mismos comienzos, la ganadería estimulara notablemente la necesidad de contar y registrar números, el cero y el sistema de numeración posicional que hace posible llegaron mucho después. Varias civilizaciones antiguas (babilonios, egipcios, griegos, mayas) tenían un signo para indicar el cero, o sea, la ausencia de elementos; sin embargo, eran «ceros imperfectos», no operativos, pues no se usaban para escribir números en notación posicional, cosa que no comenzó a hacerse hasta el siglo VI de nuestra era, en algún lugar de la India. Los árabes tomaron de los indios su eficaz sistema de numeración, que desde Andalucía llegó a Cataluña y luego a toda Europa, aunque no de forma inmediata, pues hasta el siglo XIII no se difundieron los «números arábigos», como se denominaron para distinguirlos de los romanos.

Así que 11 es once y no dos porque nuestro sistema de numeración es posicional, o sea, que el valor de cada cifra viene determinado por la posición que ocupa: la primera cifra empezando por la derecha indica las unidades, la segunda, las decenas; la tercera, las centenas; y así sucesiva e indefinidamente.

Y, además de posicional, nuestro sistema es decimal, porque pasamos de una cifra a la siguiente, como en los cuencos del pastor, por grupos de diez: una decena equivale a diez unidades, una centena a diez decenas, etcétera.

¿Es el cero un número natural?

Los números enteros y positivos (1, 2, 3, 4, 5...) se llaman «naturales» porque son los que sirven para contar los objetos reales que hay en la naturaleza. Los demás números (negativos, fraccionarios, irracionales, imaginarios...) pueden considerarse «artificiales» en el sentido de que no se corresponden con algo que es posible observar directamente en el mundo material. A propósito de esto, el matemático alemán Leopold Kronecker llegó a decir: «Dios hizo los números naturales, los demás son obra del hombre».

Pero ¿y el cero? Algunos matemáticos lo incluyen en la lista de los números naturales, pero otros no, y hay quienes ni siquiera lo consideran un número propiamente dicho. En cualquier caso, es una discusión que en nada afecta a la utilización que se hace de él y su papel fundamental en nuestro sistema de numeración posicional, que nos permite escribir cualquier número de forma automática y sencilla, así como llevar a cabo operaciones con rapidez y eficacia sin más preparación que aprender la tabla de multiplicar.

Los ordenadores solo tienen dos dedos

Si nuestro hipotético pastor hubiera tenido cuatro dedos en cada mano, como los personajes de los dibujos animados, habría puesto un guijarro en el cuenco tras contar ocho ovejas, y otro en el siguiente cuenco al reunir ocho guijarros en el anterior; para él, 10 significaría ocho y 100, sesenta y cuatro. Utilizaría, por tanto, un sistema de numeración «en base ocho», del mismo modo que el nuestro es un sistema de numeración en base diez.

Estamos tan acostumbrados al sistema decimal que no nos parece una convención, sino algo natural. Y en buena medida lo es, puesto que la naturaleza nos ha dado diez dedos y para nosotros es de lo más natural contar con ellos. Como dijo Protágoras, el ser humano es la medida de todas las cosas, y contar es una forma de medir.

Por cierto, el sistema numérico en base ocho, llamado «octal», no solo es adecuado para los personajes de los dibujos animados, sino también para los informáticos, puesto que las «palabras» del lenguaje de los ordenadores, los bytes, constan de ocho bits. Pero en realidad los ordenadores tienen nada más dos «dedos», ya que un circuito únicamente puede hallarse en dos estados: abierto o cerrado. Por eso en el lenguaje de máquina se utiliza el sistema binario, que consta de dos cifras, 0 y 1.

Problema 1

Hallar un número

Una clara comprensión (por desgracia, no muy común) de lo que significa nuestro sistema de numeración posicional decimal nos permite resolver problemas como el siguiente: hallar un número tal que al invertir el orden de sus cifras obtenemos otro número que al restarlo del primero da 72.

Soluciones: pág. 161.

Los dígitos

Los dígitos (del latín *digitus*, 'dedo') son las diez cifras de nuestro sistema de numeración posicional decimal: 0, 1, 2, 3, 4, 5, 6, 7, 8 y 9. Son nuestro «alfabeto numérico»; con él podemos escribir cualquier número, del mismo modo que con las veintisiete letras podemos escribir cualquier palabra.

Aparte del 0, que no es un número natural propiamente dicho (y según algunos, ni siquiera es un número), los dígitos son además los números «más naturales», en el sentido de que su presencia en la naturaleza es más evidente (aunque, por supuesto, desde el punto de vista de las matemáticas, todos los números enteros y positivos son igualmente naturales).

El 1 va íntimamente ligado a la sensación de identidad de cada individuo, a su cuerpo diferenciado con claridad de otros cuerpos, y se asocia a objetos naturales notoriamente únicos, como el Sol o la Luna.

El 2, dada nuestra condición de seres dotados de simetría bilateral, también está estrechamente ligado a nuestro cuerpo: tenemos dos ojos, dos orejas, dos manos, dos pies... Lo mismo ocurre con muchos animales, también dotados de simetría bilateral, lo que a su vez tiene que ver con el hecho de que nuestro desarrollo a partir de una única célula sigue la pauta de una progresión geométrica de razón 2. La existencia de dos sexos y la tendencia de los humanos y otros animales a formar parejas también contribuye a darle al número 2 una relevancia especial.

El 3 está presente en la naturaleza de una forma secuencial más que simultánea: los tres estados de la materia (sólido, líquido y gaseoso), las tres edades del ser humano (infancia, madurez y vejez), las tres partes del día (mañana, tarde y noche), los tres colores primarios... Las materializaciones del 3 —como el trébol, los cuernos del *triceratops* o el tríceps— son comparativamente escasas, debido a que la naturaleza, como hemos visto, es fundamentalmente binaria y bilateral.

El 4, al igual que el 2, es uno de los números más evidentes y abundantes en los seres vivos. Muchos animales tienen, como nosotros, cuatro extremidades, lo que posibilita levantar una de ellas mientras las otras tres garantizan un apoyo tan estable como es el trípode. Las cuatro estaciones del año, los cuatro puntos cardinales, las cuatro fases de la Luna o los cuatro abuelos de cada persona

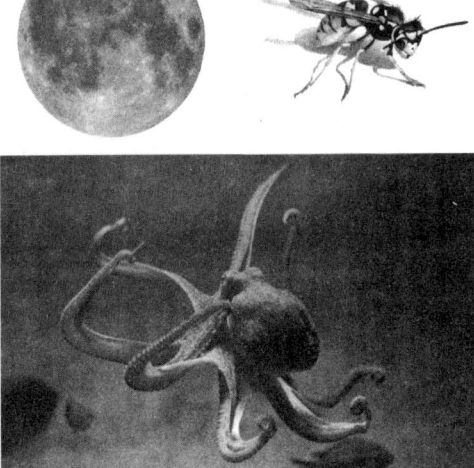

Los dígitos son los números «más naturales», pues están muy presentes en la naturaleza. Única es la Luna, seis es el número de patas (tres pares) de los insectos y ocho son los tentáculos del pulpo.

(y de casi todos los seres fruto de la reproducción sexual) son otras manifestaciones naturales del primer número compuesto (el 2 y el 3 son primos).

El 5 se manifiesta en muchas flores con cinco pétalos (pentámeras) y en los equinodermos, como los erizos y las estrellas de mar. Tenemos cinco dedos en cada mano y en cada pie, al igual que otros animales.

El 6 es el número de patas de los insectos, lo cual, teniendo en cuenta la desmedida abundancia de estos animales, lo convierte en uno de los números más presentes en la naturaleza.

El 7, a pesar de su gran importancia en muchas culturas, no se prodiga en la naturaleza. La semana de siete días tiene que ver con la duración aproximada de cada una de las cuatro fases de la luna, pero los supuestos siete colores del arcoíris no responden a una realidad objetiva sino cultural: la escala cromática varía de forma continua entre el rojo y el violeta, y podemos dar nombre a cuantos matices queramos.

El 8 se materializa en los tentáculos del pulpo, las patas de las arañas y la rosa de los vientos.

El 9 es el número de la gestación humana, que dura nueve meses.

Números de dos cifras

Al hablar de la presencia de los primeros números en la naturaleza, no hay por qué limitarse a los de una sola cifra, los dígitos. Sigamos con los de dos.

El 10, como hemos visto, es el número de dedos que tenemos en ambas manos, nuestro primer ábaco, y por eso es la base de nuestro sistema de numeración. Y también lo sería para muchos otros animales... si contaran con dedos.

El 12 es el número de meses en los que, convencionalmente, se divide un año, es decir, el número de revoluciones lunares alrededor de la Tierra que caben en una revolución terrestre alrededor del Sol. Esto ha influido en que se haya usado —y siga usándose— el 12 como referente numeral: aún utilizamos la docena para expresar algunas cantidades; pero no solo por su significado astronómico, sino porque el 12 es un número adecuado —en realidad, más que el 10— para operar con cantidades pequeñas, pues es divisible entre 2, entre 3, entre 4 y entre 6, lo que lo hace especialmente idóneo para los repartos a pequeña escala. Por eso se siguen comprando los huevos por docenas o medias docenas, y también las vajillas y las cuberterías. Incluso se sigue usando la docena de docenas —la gruesa— y la docena de docenas de docenas —la gran gruesa— en un conato de convertir al 12 en base de un sistema de numeración duodecimal, como el que utilizaban los astrónomos de Mesopotamia hace cuatro mil años.

El 20 fue la base de la numeración maya y de otros pueblos del pasado, pues si contamos sentados en el suelo y descalzos, disponemos de veinte dedos y no solo de los diez de las manos.

El 24, sin embargo, es un número no dictado directamente por la naturaleza, pues las horas del día son unidades arbitrarias.

El 30 tiene una gran importancia astronómica, pues es, redondeando, el número de días que dura una revolución lunar alrededor de la Tierra (algo más de 29 días y medio), o lo que es lo mismo, el número de noches que hay que esperar a que la luna llena vuelva a estarlo. El mes lunar fue la base de casi todos los calendarios antiguos y el origen de nuestros meses actuales.

El 32 lo encontramos en nuestra boca, pues tenemos 32 dientes. Además, se trata de un número muy especial, pues es 2 a la quinta potencia, lo que refleja nuestra condición de progresiones geométricas vivientes.

El 60 es la base del sistema de numeración sexagesimal heredado de los sumerios, que aún utilizamos al dividir las horas en 60 minutos y los minutos en 60 segundos, y también al medir los ángulos en grados, minutos y segundos. Aunque está, asimismo, inspirado por la naturaleza, puesto que es el doble de 30 y equivale a cinco docenas, la adopción del 60 se debió sobre todo a su gran cantidad de divisores: 60 es divisible por 1, 2, 3, 4, 5, 6, 10, 12, 15, 20, 30 y 60, lo que facilita notablemente el cálculo con fracciones.

Problema 2

¿Cuánto dura un año?

Sabiendo que uno de cada cuatro años es bisiesto excepto si es divisible por 100 pero no por 400, ¿cuánto dura exactamente un año?

Los inquietantes números primos

No se puede hablar de los números naturales sin mencionar su subconjunto más enigmático e inaprensible, el de los números primos, aunque solo los más pequeños tengan una presencia evidente en la naturaleza.

Los números primos son los naturales mayores que 1 que solo son divisibles por sí mismos y por la unidad (al contrario que los números compuestos, que son divisibles por otros números naturales). Actualmente los matemáticos excluyen el 1 de la lista de los números primos, aunque hasta el siglo XIX se lo consideró uno de ellos. Su exclusión, que es discutible, se debe fundamentalmente a razones técnicas; por tanto, sin el 1, la lista de los números primos menores de 100 es: 2, 3, 5, 7, 11, 13, 17, 19, 23, 29, 31, 37, 41, 43, 47, 53, 59, 61, 67, 71, 73, 79, 83, 89 y 97.

Lo que hace tan fascinantes —e inquietantes— a los números primos es que no parecen obedecer ninguna regla o pauta que no sea meramente aproximativa. Como dijo el gran matemático Leonhard Euler: «Hasta el día de hoy, los matemáticos han intentado en vano encontrar algún orden en la sucesión de los números primos, y tenemos motivos para creer que es un misterio en el que la mente jamás penetrará».

Dos primos consecutivos pueden estar muy próximos: aparte del 2 y el 3, único caso en el que dos primos se diferencian en apenas una unidad (puesto que 2 es el único primo par), el intervalo entre dos primos tiene que ser igual o mayor que 2; cuando es 2, como en las parejas 3-5, 5-7, 11-13, 17-19, 29-31, etcétera, se dice que los primos son gemelos. Por otra parte, el intervalo entre dos primos consecutivos puede ser tan grande como se desee, ya que dado un número natural cualquiera, n, es fácil formar una sucesión de n números compuestos consecutivos a partir de $n!$, que es el producto de n por todos los naturales menores que él (por ejemplo, $5! = 5 \times 4 \times 3 \times 2 \times 1 = 120$).

Sobre los números primos hay numerosas conjeturas sin demostrar. La más famosa es la conjetura de Goldbach, según la cual todo número par se puede expresar como la suma de dos primos (menos el 2 desde que 1 ya no se considera primo). A pesar de su aparente sencillez, muchos consideran que la conjetura de Goldbach es el problema más difícil de las matemáticas, y algunos creen incluso que nunca se conseguirá demostrar.

Problema 3

No primos

Demostrar que un número no puede ser primo si la suma de sus cifras es divisible entre 3.

Números astronómicos

Muchos granos de arena y de trigo

Solemos llamar «astronómicos» a los números muy grandes, pues los asociamos con las enormes distancias interestelares y los cientos de miles de millones de estrellas que pueblan el firmamento. Pero en realidad no tenemos que salir de nuestro pequeño planeta para encontrar números inconcebiblemente grandes.

En el siglo III a. C., Arquímedes, el gran genio matemático de la Antigüedad, se propuso calcular el número de granos de arena que había en el mundo, y luego los que cabrían en todo el universo. Para ello, primero tuvo que imaginar una manera de nombrar números muy grandes, pues en su tiempo el mayor número con nombre propio era la miríada, o sea, 10 000; con tal fin, inventó un ingenioso sistema basado en las potencias sucesivas de la miríada, que puede considerarse un precursor de los sistemas posicionales.

Pero demos la palabra al propio Arquímedes y veamos qué dice en su fascinante libro *El contador de arena*, también conocido como *Arenario*:

Algunos creen, rey Gelón, que el número de granos de arena es infinito; y al decir arena no me refiero solo a la que hay en Siracusa y el resto de Sicilia, sino también la que se puede encontrar en cualquier lugar, habitado o deshabitado. Otros creen, aunque sin considerarlo infinito, que ningún número que ha sido nombrado sea lo suficientemente grande como para expresar tal magnitud. [...] Pero voy a tratar de ejemplificar mediante demostraciones geométricas que, de los números nombrados por mí, algunos superan no solo el número de granos de arena necesarios para cubrir la Tierra hasta una altura igual a la de la más alta de las montañas, sino también el de los granos de arena necesarios para llenar el universo.

Partiendo de las estimaciones astronómicas de su tiempo, Arquímedes pensó que el diámetro del universo era de unos 20 billones de kilómetros, y que en él cabrían del orden de 10^{63} granos de arena (un 1 seguido de 63 ceros).

Mucho menor, aunque también astronómico, es el número de granos de trigo que, según la leyenda, pidió como recompensa al rey de la India el mítico inventor del ajedrez: 1 grano por la primera casilla del tablero,

2 por la segunda, 4 por la tercera, 8 por la cuarta y así sucesivamente hasta llegar a la casilla 64.ª, duplicando en cada casilla el número de granos de la anterior. Esta leyenda ilustra de manera muy gráfica el vertiginoso crecimiento de las progresiones geométricas, pues resulta difícil de imaginar que el trigo resultante (unos 18,5 trillones de granos) bastaría para enterrar la península ibérica bajo una capa de varios metros de altura.

Problema 4

¿Cuántos granos en total?

Sabemos que la recompensa del inventor del ajedrez fue de unos 18,5 trillones de granos, pero queremos conocer el número exacto. Si a la última casilla del tablero le corresponden 9 223 372 036 854 755 808 de granos de trigo, ¿cuál es el total?

Progresiones vitales

En una progresión geométrica, cada número es igual al anterior multiplicado por otro número, constante, llamado «razón»; así, los granos de trigo de las casillas del tablero forman una progresión geométrica de razón 2,

Arquímedes (*ca.* 287 a. C.-*ca.* 212 a. C.)

Arquímedes nació y vivió en Siracusa, Sicilia, y fue el más grande matemático de la Antigüedad y uno de los científicos más importantes de todos los tiempos. Se anticipó en dos mil años al cálculo infinitesimal y a la topología, calculó el número π con extraordinaria precisión, halló las fórmulas que expresan la superficie y el volumen del cilindro, el cono, la esfera y otros cuerpos geométricos. Sus contribuciones a la física no fueron menos importantes, y el principio de Arquímedes es por todos conocido: «Un cuerpo sumergido en un fluido recibe un

puesto que en cada casilla hay el doble de granos que en la anterior.

Lejos de ser un mero entretenimiento matemático, las progresiones geométricas constituyen un aspecto fundamental de los procesos de la vida. Pensemos en nuestro propio cuerpo: empezamos siendo un diminuto cigoto, una única célula que se divide en dos, que a su vez se dividen en dos cada una y dan lugar a cuatro, que a su vez se convierten en ocho... Sí, igual que los granos de trigo en el tablero, hasta alcanzar un número del orden de las centenas de billones. Sin este crecimiento exponencial, los organismos pluricelulares —es decir, la vida en toda su riqueza y complejidad— no serían posibles.

La reproducción de los animales y las plantas también nos ofrece impactantes ejemplos de progresiones empuje hacia arriba igual al peso del fluido que desaloja».

Arquímedes murió hacia el año 212 a. C., a manos de un soldado que, durante la invasión de Siracusa por los romanos, le ordenó que lo siguiera; el sabio, enfrascado en la contemplación de unos diagramas geométricos que había trazado en la arena, hizo caso omiso del soldado y este lo mató. Esta es una de las tres versiones de la muerte del matemático que nos dejó Plutarco; de hecho, la más popular.

geométricas. La mosca de la fruta, por ejemplo, puede poner varios cientos de huevos durante su corta vida, y al cabo de unas tres semanas esos huevos han dado lugar a una nueva generación de moscas adultas. Supongamos que una mosca pone 400 huevos y ninguno se malogra; al cabo de tres semanas, 200 moscas hembra pondrán 400 huevos cada una, un total de 80 000, y al cabo de otras tres semanas, 40 000 moscas hembra pondrán 400 huevos cada una, 16 000 000 en total... Al cabo de medio año y en apenas nueve generaciones, si todos los huevos alcanzaran su pleno desarrollo hasta convertirse en moscas adultas, la descendencia de una sola hembra sería de unos mil trillones de moscas. Teniendo en cuenta que la superficie total de la Tierra es de unos 500 millones de kilómetros cuadrados, todo el planeta (incluidos los océanos) estaría cubierto por una masa compacta de moscas: unos dos millones por metro cuadrado. Afortunadamente, solo un pequeño porcentaje de los huevos llegan a desarrollarse y, además, las moscas tienen muchos y muy voraces depredadores. Pero los insectos no son los únicos que se reproducen de forma explosiva. A mediados del siglo XIX, alguien tuvo la brillante idea de llevar unas cuantas parejas de conejos a Australia, y como allí casi no tienen depredadores, en pocos años se habían convertido en una auténtica plaga, puesto que una hembra adulta puede tener hasta 40 crías al año. Los efectos fueron catastróficos: los conejos acabaron con los pastos de los animales autóctonos, provocaron la extinción de varias especies nativas y arrasaron bosques y campos de cultivo.

A mediados del siglo XX, y a pesar de que los combatieron con todo tipo de armas, trampas y venenos e intentaron frenar su avance con miles de kilómetros de vallas y cercados, había en Australia unos 600 millones de conejos. En realidad, y aunque no les sirviera de consuelo, los australianos tuvieron un gran éxito comparativo en su campaña de contención, pues si nada hubiera frenado su desarrollo y todas las hembras hubiesen podido tener 40 crías al año, en una docena de años Australia habría quedado cubierta por una masa compacta de conejos: unos doscientos por metro cuadrado.

Y si Arquímedes viviera en la actualidad y en lugar de un *Arenario* hubiese escrito un *Conejario*, habría llegado a la conclusión de que en unos sesenta años la descendencia de una sola coneja podría llenar todo el universo observable, cuyo volumen se estima en unos 10^{80} (un 1 seguido de 80 ceros) metros cúbicos.

La sucesión de Fibonacci

Los conejos de Leonardo

No les van a la zaga a los anteriores, en cuanto a furor reproductivo, los conejos que el matemático italiano Leonardo de Pisa, más conocido como Fibonacci, utilizó para describir su famosa sucesión: 1, 1, 2, 3, 5, 8, 13..., en la que cada término es la suma de los dos anteriores.

Liber Abaci, publicado a principios del siglo XIII, es un libro de trascendental importancia porque, entre otras cosas, difundió el sistema de numeración posicional decimal por toda Europa. En él, Fibonacci presenta su secuencia numérica como si fuera la solución a un problema de la cría de conejos: «Un hombre tenía una pareja de conejos y deseaba saber cuántos podría tener en un año a partir de esa pareja inicial, teniendo en cuenta que de forma natural cada hembra tiene una pareja de crías en un mes, y que a partir del segundo mes empiezan a reproducirse» (tabla 1).

En un año, el hipotético cunicultor tendría 233 parejas de conejos, que es el 13.º número de la serie Fibonacci:

1, 1, 2, 3, 5, 8, 13, 21, 34, 55, 89, 144, 233... Aunque la sucesión de Fibonacci no es una progresión geométrica propiamente dicha, conlleva el mismo tipo de crecimiento exponencial.

Tabla 1. SECUENCIA DE FIBONACCI APLICADA AL PROBLEMA DE LA CRÍA DE CONEJOS		
Comienzo del mes 1	Nace una pareja de conejos (pareja A).	1 pareja en total
Fin del mes 1	La pareja A tiene un mes de edad. Se cruza la pareja A.	1 + 0 = 1 pareja en total
Fin del mes 2	La pareja A da a luz a la pareja B. Se vuelve a cruzar la pareja A.	1 + 1 = 2 parejas en total
Fin del mes 3	La pareja A da a luz a la pareja C. La pareja B cumple un mes. Se cruzan las parejas A y B.	2 + 1 = 3 parejas en total
Fin del mes 4	Las parejas A y B dan a luz a D y E. La pareja C cumple un mes. Se cruzan las parejas A, B y C.	3 + 2 = 5 parejas en total
Fin del mes 5	A, B y C dan a luz a F, G y H. D y E cumplen un mes. Se cruzan A, B, C, D y E.	5 + 3 = 8 parejas en total

Problema 5

Llenar Italia de conejos

Sabiendo que la superficie de Italia es de unos 300 000 km², ¿cuánto tardaría el cunicultor de Fibonacci en llenar todo el país de conejos, de modo que hubiera aproximadamente dos parejas por metro cuadrado? ∅

Fibonacci en la naturaleza

Por suerte, en el mundo real la reproducción de los conejos no se ciñe escrupulosamente a la sucesión de Fibonacci (aunque los cunicultores la utilizan como referencia), pues estos prolíficos mamíferos nunca se reproducen en condiciones que posibiliten su máxima expansión. Sin embargo, muchas configuraciones biológicas, tanto en el mundo animal como en el vegetal, siguen con sorprendente precisión la secuencia 1, 1, 2, 3, 5, 8, 13, 21..., que se manifiesta en ejemplos tan variados como la distribución de las ramas y hojas de los árboles (figura 1), la disposición de las pipas en los girasoles o la genealogía de los zánganos de una colmena.

La disposición de las pipas en el girasol sigue la secuencia de Fibonacci.

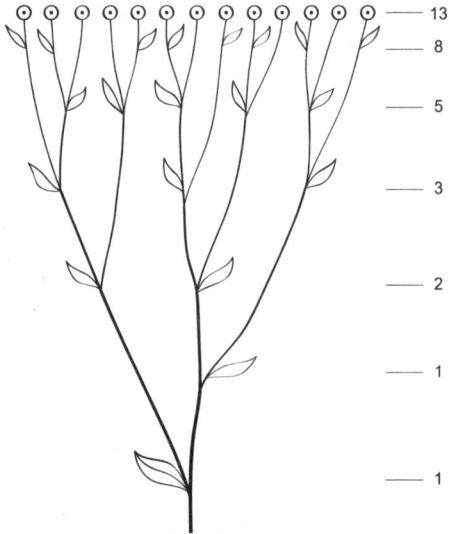

Figura 1. La sucesión de Fibonacci también se manifiesta en las ramas y las hojas de los árboles.

Problema 6

Suma de diez números consecutivos

La suma de diez números de Fibonacci consecutivos es siempre igual al séptimo de esos diez números multiplicado por 11. ¿Por qué?

Un zángano (1) no tiene padre, pues nace de un huevo sin fecundar, pero sí una madre (1, 1), que es la reina de su colmena; y dos abuelos, que son los padres de la reina

(1, 1, 2); y solo tres bisabuelos, ya que el padre de la reina no tiene padre (1, 1, 2, 3); y cinco tatarabuelos (1, 1, 2, 3, 5), y así sucesivamente, por lo que su árbol genealógico, como tantos árboles de verdad, sigue la sucesión de Fibonacci.

Los números de Fibonacci y la divina proporción

El hecho de que la sucesión de Fibonacci se manifieste en muchas y muy armoniosas configuraciones de la naturaleza tiene que ver con la fascinación estética que los humanos sentimos desde los tiempos más remotos por la llamada «razón áurea» o «divina proporción».

A mediados del siglo XVIII, el matemático escocés Robert Simson descubrió que la razón entre dos números de Fibonacci consecutivos se va aproximando cada vez más a la razón áurea a medida que crece la sucesión:

$1/1 = 1$
$2/1 = 2$
$3/2 = 1,5$
$5/3 = 1,666...$
$8/5 = 1,6$
$13/8 = 1,625$
$21/13 = 1,615...$
$34/21 = 1,619...$

Leonardo de Pisa (*ca.* 1170-*ca.* 1240)

Leonardo de Pisa, más conocido como Fibonacci, nació, al igual que Galileo, en la ciudad de la torre inclinada. Consciente de la trascendental importancia de los números indo-arábigos, viajó a diversos países para estudiar con los matemáticos árabes más destacados de su tiempo, y en 1202 publicó su *Liber abaci*, en el que destaca la eficacia del nuevo sistema de numeración y sus múltiples aplicaciones: cálculo, contabilidad, conversión de pesos y medidas... Fue este el libro en el que Fibonacci describió su famosa sucesión, y también el que dio a conocer el cero y la numeración posicional en Europa. El *Liber Abaci* fue acogido con entusiasmo por los matemáticos y las gentes cultas de su tiempo, a pesar de la oposición de los contables vinculados a la Iglesia, la cual llegó a prohibir el uso de las cifras indo-arábigas por su origen «infiel». Ø

La razón áurea o número áureo, que normalmente se representa mediante la letra griega φ, es 1,6180339... y, como se puede ver, los sucesivos cocientes de dos números de Fibonacci consecutivos se van aproximando a φ alternativamente por defecto y por exceso.

Pero antes de seguir hablando del número áureo, fijémonos en los puntos suspensivos que hay detrás de la última cifra. Estos puntos indican que hay infinitos decimales; pero a diferencia de los tres números con infinitos decimales de la lista anterior, φ no se puede expresar como una fracción, es decir, como el cociente de dos números enteros. Actualmente estamos familiarizados con estos números (sobre los que volveremos más adelante) y operamos con ellos sin problemas; sin embargo, el descubrimiento de que había números que no eran ni enteros ni fraccionarios constituyó para los pitagóricos, hace dos mil quinientos años, una auténtica conmoción, como veremos en el capítulo siguiente.

Números racionales e irracionales

Naturales y no tan naturales

En la naturaleza no hay fracciones propiamente dichas. Desde nuestra elaborada cultura matemática, podemos decir que una piedra que pesa 2 kilos es $1/3$ más ligera que otra que pesa 6 kilos; pero en realidad son dos piedras enteras, aunque de distinto tamaño. Por eso solo llamamos «naturales» a los números enteros y positivos.

El ejemplo de las dos piedras no es arbitrario, ya que las fracciones surgen al medir unas cosas en función de otras o, lo que viene a ser lo mismo, a adoptar determinadas unidades de medida. Si pedimos un paquete de $1/2$ kilo de arroz o decimos que en un vaso hay $1/4$ de litro de agua, es porque nuestras unidades de referencia son el kilo y el litro; si cambiamos de unidades, no necesitamos las fracciones: 500 gramos de arroz y 250 centímetros cúbicos de agua.

La relación de los números fraccionarios con las mediciones llevó a los pitagóricos (cuyo lema era «Todo es número») a pensar que las fracciones eran números sustancialmente distintos de los enteros y que estaban relacionados en mayor medida con la geometría que con la aritmética. Asimismo, pensaron que ambos tipos de números, los enteros y los fraccionarios, bastaban para expresar cualquier tipo de relación y estaban en la base de la armonía del mundo.

No obstante, en el siglo v a. C. descubrieron con gran consternación que había números que no podían expresarse mediante una fracción.

Se atribuye a Hipaso de Metaponto, uno de los pitagóricos más ilustres, el descubrimiento de estos extraños números que hoy llamamos «irracionales» (porque no pueden expresarse como la razón —el cociente— de dos números enteros), y es probable que su revolucionario hallazgo se produjera al intentar medir la diagonal de un cuadrado en función de su lado (figura 2).

La demostración de que si tomamos como unidad el lado de un cuadrado, su diagonal no puede expresarse mediante una fracción, es tan sencilla como elegante.

Si llamamos d a la diagonal de un cuadrado de 1 metro (o cualquier otra unidad de medida) de lado, por el teorema de Pitágoras (del que luego nos ocuparemos) tenemos que $d^2 = 1^2 + 1^2 = 2$.

Si d pudiera expresarse mediante una fracción, sería $d = a/b$, donde a y b no podrían ser ambos pares (pues, de lo contrario, la fracción se podría simplificar). Pero si $(a/b)^2 = 2$, $a^2 = 2b^2$, lo que significa que a^2 es par. Y para que a^2 sea par, tiene que serlo a, luego a es el doble de otro número entero: $a = 2n$, y por tanto $a^2 = 4n$, luego $4n = 2b^2$, o sea, $b^2 = 2n$. Pero si b^2 es par, también tiene que serlo b. Luego el supuesto de partida —que d puede expresarse como cociente de dos números enteros que no son ambos pares— es imposible, o lo que es lo mismo, d no puede expresarse mediante una fracción.

La longitud de la diagonal de un cuadrado de lado 1 (o lo que es lo mismo, la raíz cuadrada de 2) es un número irracional: $\sqrt{2}$ = 1,4142135...

Parece ser que Hipaso de Metaponto quebrantó la regla de silencio de los pitagóricos al revelar la existencia de estos nuevos números (que ellos llamaron «inconmensurables»), por lo que lo expulsaron de la escuela pitagórica, aunque según otras versiones fue asesinado por ello.

Figura 2. Diagonal de un cuadrado.

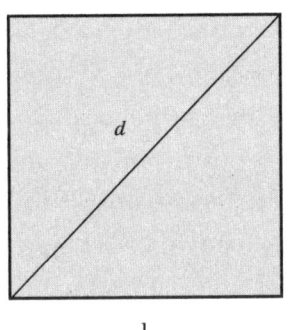

Miedo a los números

No debería sorprendernos demasiado que los pitagóricos sintieran una especie de terror reverencial ante los números irracionales, pues, por increíble que parezca, en pleno siglo XXI hay muchas personas que padecen «aritmofobia» o miedo irracional a los números (que no se limita a los irracionales) y a las matemáticas en general. Si contar es una de nuestras actividades y necesidades más básicas, si el libro de la naturaleza está escrito con el lenguaje de las matemáticas, si los números forman parte de nuestro repertorio fundamental de símbolos tanto como las letras, ¿cómo es posible que tantas personas los detesten o, cuando menos, vivan de espaldas a ellos?

Los editores suelen decir medio en broma (o sea, medio en serio) que si en un libro aparece alguna fórmula matemática, sus ventas se reducen automáticamente a la mitad, ya que muchos lectores ni siquiera intentan entender las expresiones en las que aparecen números y símbolos matemáticos. Y no se trata, obviamente, de que no los conozcan, pues cualquier persona alfabetizada conoce el sistema decimal y las cuatro operaciones básicas. Sin embargo, del mismo modo que hay muchos analfabetos funcionales, que aunque conocen las letras son incapaces de leer un libro, hay muchísimos «anaritmetos» funcionales, incapaces de entender las más sencillas expresiones numéricas. Y esa incapacidad provoca, en algunas de estas personas, un malestar que puede acabar degenerando en una auténtica fobia.

La consabida dicotomía entre ciencias y letras es la primera explicación que se nos ocurre al ver lo difundido que está el anaritmetismo incluso entre personas supuestamente cultas; pero ¿es dicha dicotomía la causa o el efecto? Y, en cualquier caso, ¿por qué la cultura oficial ignora casi por completo las disciplinas científicas, y muy especialmente las matemáticas? Cualquier persona considerada intelectual puede nombrar sin dificultad a numerosos escritores, pintores, músicos, filósofos..., pero si le preguntas a cuántos matemáticos conoce, es probable que solo sepa mencionar a Pitágoras (que, en realidad, más que un matemático, era, al igual que Platón, un filósofo fascinado por los números: un «aritmófilo», en el extremo opuesto de la aritmofobia).

Se da la curiosa paradoja de que las ciencias en general —y las matemáticas en particular— tienen un gran «valor de cambio», como diría un economista, y, sin embargo, muy poca gente conoce y reconoce su «valor de uso». Todo el mundo admite la importancia de las matemáticas en la enseñanza, porque dan acceso a carreras de gran utilidad y bien remuneradas; no obstante, muchos creen que no son verdadera cultura, que la matemática es un instrumento muy útil, pero que poco aporta a nuestra visión del mundo o a nuestra capacidad de goce. Nada más lejos de la realidad, porque, como dice la poeta Edna St. Vincent Millay: «Solo Euclides ha contemplado la belleza desnuda». Quienes dan la espalda al pensamiento cuantitativo se pierden nada menos que la posibilidad de leer el gran libro de la naturaleza y de gozar de su belleza en estado puro.

Pero los perjuicios de una generalizada aritmofobia y del subsiguiente anaritmetismo son, sobre todo, sociales. Las personas reacias al pensamiento cuantitativo, o lo que viene a ser lo mismo, al método científico, son presa fácil de todo tipo de embaucadores, y existe una relación directa entre fenómenos como el auge del esoterismo o el fanatismo religioso y el rechazo de la ciencia, que, en última instancia, implican el rechazo de la razón.

Cuando hace unos años se pusieron en marcha diversas campañas publicitarias e iniciativas de educación sexual para fomentar el uso del preservativo entre los jóvenes, el nacionalcatolicismo contraatacó de la única forma en que podía hacerlo: mediante dogmas y falacias (valga la redundancia), y en un delirante debate televisivo sobre el tema, una dama del Opus Dei esgrimió el argumento de que el preservativo no elimina por completo el riesgo de transmisión del sida.

¿Es eso cierto? Por supuesto. Nada, ni siquiera la abstinencia sexual, reduce a cero el riesgo de contraer el VIH. Al doblar una esquina, tropiezas con un seropositivo, caéis al suelo, os hacéis unos rasguños en las manos, lo ayudas a levantarse, vuestras microheridas entran en contacto...

Existe una probabilidad distinta de cero (no mucho menor que la de contraer el sida con un uso correcto del preservativo) de que al ir por la calle nos caiga algo contundente en la cabeza; pero si una madre prohibiera salir a su hijo para salvarlo de las cornisas y los meteoritos, seguramente la tacharíamos de sobreprotectora. No sirve de mucho hablar de riesgo (ni de casi nada) si no se cuantifica.

Números aburridos

Si a los que detestan los números añadiéramos a quienes los consideran aburridos, seguramente nos encontraríamos con la mayoría de la población. Pero, desde luego, no es así para los matemáticos, para quienes todos los números son interesantes. Incluso se puede demostrar matemáticamente que no hay números aburridos, como veremos a continuación. Pero antes, una curiosa anécdota.

En cierta ocasión, al matemático británico G. H. Hardy le llamó la atención el número del taxi de Londres en el que viajaba: 1729. Al entrar en la habitación del hospital en donde estaba ingresado su amigo Srinivasa Ramanujan, el genial matemático indio, Hardy comentó que el 1729 era un número aburrido, y añadió que esperaba que no fuese un mal presagio. «No, Hardy», replicó Ramanujan, «el 1729 es un número muy interesante: es el menor número natural que se puede expresar como la suma de dos cubos positivos de dos formas diferentes».

En efecto, $1729 = 1^3 + 12^3 = 9^3 + 10^3$.

Sin intención de quitarle mérito a Ramanujan, cuya capacidad de cálculo mental era asombrosa, cabe señalar que para alguien familiarizado con los cubos de los primeros números naturales no es tan difícil como parece ver la citada propiedad del número 1729. En efecto, $12^3 = 1728$ y $9^3 = 729$; sumándole 1 a 12^3 y 1000 a 9^3, dos sumas triviales, obtenemos 1729.

En cualquier caso, esta anécdota es un buen punto de partida para plantear la cuestión de los supuestos números aburridos. Supongamos que dividimos los números naturales en interesantes y aburridos; el conjunto de los números aburridos tendrá un primer elemento, que por eso mismo dejará de ser aburrido, pues el mero hecho de ser el menor de los números aburridos le confiere una singularidad que lo hace interesante.

Hay muchas paradojas similares a la de los números aburridos. Tomemos, por ejemplo, la siguiente afirmación: «La frutería está cerca de mi casa; por tanto, la panadería, que está justo al lado de la frutería, también está cerca de mi casa». Parece un razonamiento irrefutable, y nadie lo cuestionaría en una conversación informal. Pero si aceptamos que lo que está al lado de lo que está cerca de mi casa también está cerca de mi casa, podemos alejarnos de mi casa, paso a paso, todo lo que queramos sin dejar de estar cerca.

Y este tipo de paradojas remiten, a su vez, a la paradoja del montón o paradoja sorites, atribuida a Eubulides de Mileto, sobrino y discípulo de Euclides de Megara (no confundir con Euclides de Alejandría, el padre de la geometría). La paradoja sorites se puede formular así: ¿en

¿En qué momento un montón de arena, del que vamos retirando granos de uno en uno, deja de ser un montón?

qué momento un montón de arena deja de ser un montón cuando vamos quitando granos uno a uno? Está claro que dos o tres granos de arena no constituyen un montón, y un millón sí; pero ¿dónde está la frontera entre la «montonidad» y la «no montonidad»? Sencillamente, no hay respuesta: conceptos intuitivos e imprecisos como «interesante», «cerca» o «montón» escapan a la cuantificación y al pensamiento dicotómico.

Por cierto, también se le atribuye a Eubulides la paradoja del mentiroso en su formulación más escueta: un hombre dice que miente. Si lo que dice es cierto, miente; si lo que dice es falso, está mintiendo, y, por tanto, es cierto lo que afirma...

La divina proporción

El rectángulo áureo

La mejor manera de visualizar la divina proporción (vinculada, como hemos visto, a la sucesión de Fibonacci) es mediante un rectángulo de lados x y 1 (con $x > 1$) tal que si lo dividimos en un cuadrado de lado 1 y un rectángulo de lados 1 y $x - 1$, el rectángulo mayor y el menor son semejantes.

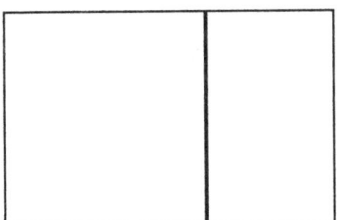

Si los rectángulos son semejantes, $x/1 = 1/x - 1$, de donde $x^2 - x = 1$, o sea, $x^2 - x - 1 = 0$, una sencilla ecuación de segundo grado de la que obtenemos $x = (1 + \sqrt{5})/2 = 1,6180339...$

Obsérvese que de la ecuación $x^2 - x = 1$ se desprende que $x(x - 1) = 1$, por lo que $x - 1 = 1/x$: en un rectángulo áureo, la razón entre el lado menor y el mayor ($1/x$) es 0,6180339... ($x - 1$). Dicho de otro modo: el inverso del número áureo es igual a su parte decimal.

Problema 7

Una expresión sorprendente

Demostrar que el número áureo se puede expresar de la siguiente forma:

$$\sqrt{1 + \sqrt{1 + \sqrt{1 + \sqrt{1 + \cdots}}}}$$

La espiral de Fibonacci

Obviamente, también podemos dividir el rectángulo menor en un cuadrado y un tercer rectángulo áureo, y así sucesivamente, y si en cada cuadrado, y tomando su lado como radio, inscribimos un cuarto de circunferencia (figura 3), obtenemos una espiral directamente relacionada con la sucesión de Fibonacci: si tomamos como unidad el lado de los dos cuadrados más pequeños, los lados de

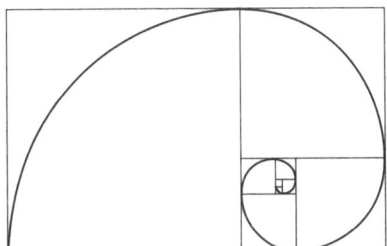

Figura 3. La espiral de Fibonacci.

Caparazón de molusco fosilizado donde puede observarse una sorprendentemente perfecta espiral de Fibonacci. A su lado, la espiral de una piña.

los sucesivos cuadrados forman la sucesión 1, 1, 2, 3, 5, 8, 13, 21, 34...

Este tipo de espirales, llamadas logarítmicas (porque su radio crece de forma exponencial), aparecen a menudo en la naturaleza, debido a procesos de crecimiento acumulativo similares al de la reproducción de los conejos descrito por Fibonacci. Los ejemplos son tan numerosos como variados: desde las conchas de algunos moluscos hasta los brazos de las galaxias espirales (como la Vía Láctea), pasando por las telarañas, las piñas, los girasoles o los ciclones.

Como fenómeno curioso y fácil de observar, muchos insectos se aproximan a las bombillas describiendo una espiral logarítmica. Este comportamiento se debe a que habitualmente vuelan con un ángulo constante respecto al Sol o la Luna. Debido a la distancia a la que se encuentran, las posiciones de estos astros no cambian significativamente desde la perspectiva del insecto y esto le permite desplazarse en línea recta. Sin embargo, esto no funciona con fuentes de luz cercanas y mucho más próximas, ya que, en este caso, el ángulo cambia continuamente y cada vez más deprisa, esto es, el insecto que creía estar volando en línea recta tomando una bombilla como referencia, acaba estrellándose contra ella. Toda una metáfora.

El divino cuerpo humano

Además de las omnipresentes espirales, la naturaleza nos brinda otras muchas configuraciones vinculadas a la divina proporción; aunque, naturalmente (nunca mejor dicho), para expresar en el mundo real la razón áurea entre las partes implicadas no necesitamos muchos decimales, y la fracción $8/5$ (o $13/8$, si queremos afinar un poco más) suele ser una aproximación adecuada.

Como no podría ser de otra manera, en el propio cuerpo humano encontramos numerosos ejemplos de la divina proporción. Y no podría ser de otra manera porque nuestro sentido de la belleza y de la armonía tiene que ver necesariamente con nuestra propia naturaleza y nuestras características físicas.

La forma más clara y simple de hallar el número áureo en el cuerpo humano es dividir la estatura por la distancia del ombligo al suelo, o esta última por la distancia de la coronilla al ombligo. Pero hay muchas más, como la razón entre la altura de la cadera y la altura de la rodilla, o entre la distancia del hombro y la del codo a la punta de los dedos, o entre la distancia del codo a la punta de los dedos y la longitud de la mano.

Leonardo da Vinci estudió estas proporciones y las plasmó en uno de sus dibujos más famosos, conocido como el *Hombre de Vitruvio* (figura 4), porque está basado en las teorías de Marco Vitruvio, arquitecto romano del siglo I a. C., sobre la presencia del número áureo en el cuerpo humano. El texto que acompaña al dibujo de Leonardo es el siguiente:

Dice Vitruvio en su obra *De architectura* que la naturaleza distribuye las medidas del cuerpo humano de la forma siguiente: 4 dedos hacen 1 palma, 4 palmas hacen 1 pie, 6 palmas hacen 1 codo y 4 codos hacen la altura de un hombre, y estas medidas son las que él usaba en sus edificios. Si separas las piernas lo suficiente como para que tu altura disminuya 1/14 y estiras y subes los hombros hasta que los dedos estén al nivel del borde superior de tu cabeza, has de saber que el centro geométrico de tus extremidades separadas estará situado en tu ombligo y que el espacio entre las piernas será un triángulo equilátero. La longitud de los brazos extendidos de un hombre es igual a su altura. Desde el nacimiento del pelo hasta la punta de la barbilla es la décima parte de la altura de un hombre; desde la punta de la barbilla a la parte superior de la cabeza es un octavo de su estatura; desde la parte superior del pecho al extremo de su cabeza es un sexto del hombre. Desde la parte superior del pecho al nacimiento del pelo es la séptima parte del hombre. Desde los pezones a la parte de arriba de la cabeza es la cuarta parte del hombre. La anchura

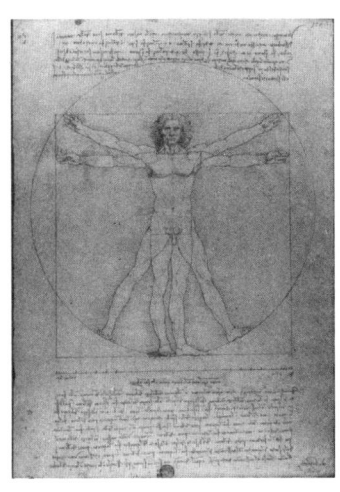

Figura 4. El *Hombre de Vitruvio*, de Leonardo da Vinci.

mayor de los hombros es la cuarta parte de un hombre. Desde el codo a la punta de la mano es la quinta parte del hombre, y desde el codo al ángulo de la axila es la octava parte del hombre. La mano completa es la décima parte del hombre; el comienzo de los genitales marca la mitad del hombre. El pie es la séptima parte del hombre. Desde la planta del pie hasta debajo de la rodilla es la cuarta parte del hombre. Desde debajo de la rodilla al comienzo de los genitales es la cuarta parte del hombre. La distancia desde la parte inferior de la barbilla a la nariz y desde el nacimiento del pelo a las cejas es la misma, y, como la oreja, una tercera parte del rostro.

Leonardo da Vinci (1452-1519)

Considerado el más grande genio de todos los tiempos, Leonardo nació en la villa toscana de Vinci, hijo natural de una campesina y de un acaudalado notario florentino. Además de ser uno de los más grandes maestros de la pintura universal, hizo notables aportaciones a disciplinas tan variadas como la arquitectura, la urbanística, la ingeniería, la anatomía, la botánica, la filosofía o la música, y su  importancia como científico no es menor que su relevancia como artista.

Se anticipó a Galileo en la concepción de la mecánica como ciencia, y no solo debido a sus prodigiosos inventos, sino también a través de sus reflexiones teóricas, que plasmó en sentencias tan esclarecedoras y sugerentes como esta: «La mecánica es el paraíso de las ciencias matemáticas, porque con ella se alcanza el fruto matemático». También comprendió la indiscutible importancia del método experimental: «Aunque la naturaleza empiece por la razón y termine en la experiencia, nosotros debemos seguir el camino inverso: empezar por la experiencia y con ella investigar la razón». Y también se anticipó a Galileo y a la ciencia moderna en su visión matemática del mundo y del conocimiento: «No hay certidumbre allí donde no es posible aplicar ninguna de las ciencias matemáticas ni ninguna de las basadas en las matemáticas». Ø

Al compararlas entre sí, vemos que muchas de estas medidas guardan la proporción áurea. Las ideas de Vitruvio, ampliadas y difundidas por Leonardo, tuvieron una enorme influencia en el Renacimiento y en todo el arte posterior, y siguen presidiendo nuestros cánones de belleza..., lo cual es una manera de decir que es la naturaleza misma quien los preside.

La medición de la tierra

De la agrimensura a la geometría

Geometría significa literalmente 'medición de la tierra', pues esta rama fundamental de las matemáticas surgió de la necesidad de medir los campos y otras superficies, así como las distancias. Del mismo modo que la ganadería (con la consiguiente necesidad de contar con precisión y registrar los cómputos) potenció el desarrollo de la aritmética, la agricultura significó probablemente el origen de la geometría.

Parece ser que los primeros conceptos geométricos surgieron a orillas del río Nilo, en el antiguo Egipto. El Nilo se desbordaba periódicamente e inundaba los campos ribereños, y había que volver a marcar sus límites cuando las aguas se retiraban. Asimismo, los primeros agricultores egipcios también tenían que trazar diques y acequias para encauzar las aguas del caudaloso río. Todo ello les llevó a desarrollar una rudimentaria geometría puramente pragmática, sin pretensiones científicas, pero muy eficaz y notablemente precisa. Por ejemplo, sabían que en un triángulo cuyos lados midieran 3, 4 y 5 unidades respectivamente, el ángulo opuesto al lado mayor era un ángulo recto, aunque no sabían por qué; el más famoso de los teoremas, el de Pitágoras, llegaría mucho después.

Y, por supuesto, para levantar sus imponentes pirámides los antiguos egipcios tuvieron que disponer de conocimientos geométricos muy precisos, a pesar de que no mostraran demasiado interés por las investigaciones teóricas ligadas a dichos conocimientos.

Un pacto con la naturaleza

La importancia del ángulo recto, omnipresente en las obras humanas, tiene que ver, sobre todo, con dos aproximaciones: una puramente geométrica y la otra física. Por una parte, los objetos ortogonales, tanto planos como voluminosos, se agrupan y apilan con más facilidad y eficacia. Por eso los ladrillos son ortoedros, y también casi todas las cajas y envases; y por eso las cartas, las hojas de papel y la mayoría de las baldosas son rectangulares (o cuadradas; pero un cuadrado también es un rectángulo). Por otra parte, el hecho de que estemos sometidos a la fuerza de gravedad hace de la vertical y la horizontal las dos principales referencias espaciales; y una línea vertical y otra horizontal también forman un ángulo recto. Por ambas razones, la geométrica y la física, la inmensa mayoría de nuestras habitaciones son ortoedros con dos caras horizontales (el suelo y el techo) y cuatro verticales (las paredes).

En la naturaleza no hay muchos ángulos rectos evidentes; pero en la interacción de los seres vivos con el entorno, el binomio horizontal-vertical (o sea, la perpendicularidad) está siempre presente. El gran arquitecto suizo Le Corbusier, uno de los más importantes renovadores de la arquitectura del siglo XX, lo expresó magistralmente en su «Poema del ángulo recto»:

> Erguido sobre el plano terrestre
> de las cosas comprensibles
> contraes con la naturaleza
> un pacto de solidaridad:
> es el ángulo recto.
> De pie, vertical ante el mar,
> ahí estás sobre tus piernas...

Efectivamente, el ángulo recto es un «pacto de solidaridad» de la cultura con la naturaleza. Pues si bien las materializaciones de la ortogonalidad son casi siempre obras humanas, es la naturaleza quien las dicta.

El teorema de Pitágoras

Como ya hemos visto, los antiguos egipcios sabían que en un triángulo cuyos lados medían 3, 4 y 5 unidades (el denominado «triángulo sagrado egipcio»), el ángulo opuesto al lado más largo era recto. Sin embargo, no supieron —o no se tomaron la molestia de— demostrarlo, cosa que sí hicieron los griegos, más preocupados por las ideas y no únicamente por sus aplicaciones prácticas.

Fue Pitágoras (o alguien de su escuela) quien, en el siglo v a. C., demostró el más famoso de los teoremas: en un triángulo rectángulo, la suma de los cuadrados de los catetos es igual al cuadrado de la hipotenusa (figura 5).

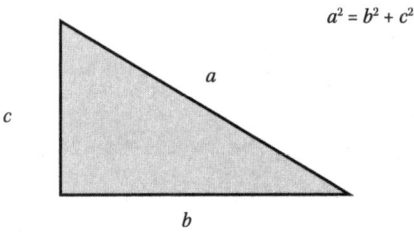

$$a^2 = b^2 + c^2$$

Figura 5. Teorema de Pitágoras.

Hay numerosas demostraciones del teorema de Pitágoras, tanto geométricas como algebraicas. Veamos una de cada.

En la figura 6 podemos observar dos cuadrados iguales descompuestos de distintas maneras. En el de la izquierda hay cuatro triángulos rectángulos y un cuadrado cuyo lado es la hipotenusa de dichos triángulos. En el de la derecha, encontramos los mismos cuatro triángulos y dos cuadrados cuyos lados son el cateto mayor y el cateto menor de los triángulos. Por tanto, el cuadrado inscrito de la derecha es igual a la suma de los dos de la izquierda.

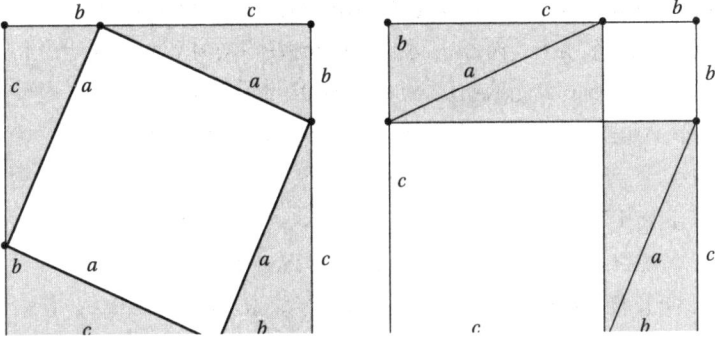

Figura 6. Demostración del teorema de Pitágoras.

En la figura 7 vemos un triángulo rectángulo *ABC* descompuesto por su altura en otros dos triángulos rectángulos: *ABD* y *ADC*. Los tres triángulos son semejantes, puesto que sus ángulos son iguales, luego, por la semejanza entre *ABC* y *ADC*, $m/b = b/a$, o sea, $b^2 = am$, y por la semejanza entre *ABC* y *ABD*, $n/c = c/a$, o sea, $c^2 = an$. En consecuencia, $b^2 + c^2 = am + an = a (m + n) = a^2$.

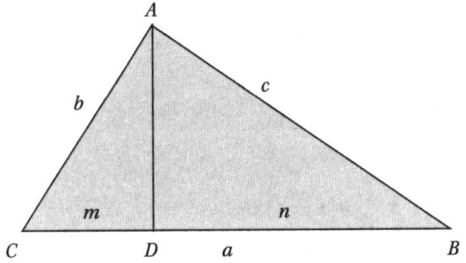

Figura 7. Una nueva demostración del teorema.

Problema 8

Calcular la altura de un poste en un día nublado

Es fácil calcular la altura de un poste comparando su sombra con la de un objeto conocido. Si un palo de 1 metro, apoyado verticalmente en el suelo, proyecta una sombra de 30 centímetros y la sombra del poste mide 120 centímetros, sabemos que la altura del poste es de 4 metros. En un día nublado no podemos medir las sombras, pero podríamos calcular la altura de un poste con un espejo de bolsillo. ¿Cómo?

La medida de todas las cosas

La famosa máxima de Protágoras según la cual el ser humano es la medida de todas las cosas se vuelve literal en el caso de las mediciones de longitud a pequeña escala, pues durante milenios se usaron como unidades nuestras medidas anatómicas: pie, palmo, pulgada, braza, codo..., y algunas todavía siguen utilizándose.

En 1790, durante la Revolución francesa, la Asamblea Nacional propuso como unidad de medida la diez millonésima parte del cuadrante de un meridiano terrestre, y esta nueva unidad, que acabaría imponiéndose en casi todo el mundo, se denominó «metro». De modo que la Tierra es, aproximadamente, una esfera cuyos círculos máximos miden unos 40 000 000 de metros, o sea, 40 000 kilómetros.

Pitágoras (*ca.* 569 a. C.–*ca.* 490 a. C.)

Nacido en la isla griega de Samos en el siglo VI a. C., se considera a Pitágoras el primer matemático propiamente dicho de la historia (aunque era más un filósofo fascinado por los números). Fue discípulo de Tales de Mileto, el primero de los siete sabios de Grecia, que lo inició en el estudio de la geometría, y viajó a Egipto y a Babilonia para ampliar sus conocimientos. En el año 531 a. C. fundó su famosa escuela pitagórica en Crotona, en el sur de Italia. La idea central del pitagorismo era que, en su nivel más profundo, la realidad es de naturaleza matemática («Todo es número»).

No se ha conservado ningún escrito de Pitágoras, por lo que es imposible distinguir entre sus descubrimientos matemáticos (como el famoso teorema que lleva su nombre) y los de sus discípulos. En cualquier caso, la influencia de su escuela en el desarrollo de la filosofía y la ciencia fue decisiva. ⊘

A diferencia de los sistemas de medidas anteriores, el sistema métrico es decimal, como nuestro sistema de numeración. Diez metros son un decámetro; cien metros, un hectómetro; mil metros, un kilómetro; cien centímetros, un metro... Esto facilita enormemente las operaciones, a pesar de lo cual aún siguen utilizándose otros sistemas, sobre todo el anglosajón, más «protagórico» pero mucho menos práctico: una yarda (91,44 cm) es igual a 3 pies, un pie (30,48 cm) es igual a 12 pulgadas, y la pulgada (2,54 cm) equivale a 6 picas de 4,23 milímetros. Este sistema impide usar decimales al expresar las medidas, y así, para decir que alguien mide 1,65 (metros), con el sistema anglosajón hay que decir que su estatura es de 5 pies y 5 pulgadas.

Actualmente se define el metro como la distancia que recorre la luz en el vacío en un intervalo de 1/299 792 458 de segundo. Parece una definición un tanto rebuscada; pero la velocidad de la luz en el vacío (normalmente representada con la letra c) es, como veremos más adelante, una de las grandes constantes de la naturaleza y permite dar una definición mucho más precisa que un meridiano terrestre.

El mundo ideal de la geometría

El padre de la geometría

Tal como indica su nombre, la geometría nació como método de medición de la tierra; pero los antiguos griegos la separaron de su sustrato material y la llevaron al ámbito de las ideas abstractas.

Siguiendo a Pitágoras, Platón vio en la geometría la expresión de un mundo perfecto del que el nuestro únicamente sería un burdo remedo, una sombra borrosa. Según dice en su diálogo *Timeo*, las estructuras matemáticas «no solo gobiernan la esencia del alma humana, sino también la esencia del alma del mundo». Para Platón, la geometría y las matemáticas en general tienen un carácter divino, como sentencia una de sus frases más famosas: «Dios siempre hace geometría».

Pero el título de «padre de la geometría» no le corresponde a Platón, y tampoco a Pitágoras, sino a Euclides, que fue quien la sistematizó y la desarrolló plenamente. Tan plenamente que se sigue estudiando en la actualidad tal y como él la expone en *Elementos*, la obra científica más veces editada (unas mil ediciones desde que se imprimió por primera vez en 1482), más comentada y más leída de todos los tiempos.

El imponente edificio de la geometría de Euclides se levanta sobre cinco postulados básicos, axiomas indemostrables que se consideran evidentes:

1. Dos puntos cualesquiera determinan un segmento de recta.
2. Un segmento de recta se puede extender indefinidamente en una línea recta.
3. Se puede trazar una circunferencia dados un centro y un radio cualesquiera.
4. Todos los ángulos rectos son iguales entre sí.
5. Por un punto exterior a una recta se puede trazar una única paralela a dicha recta.

Elementos consta de trece libros, el primero de los cuales está dedicado a los triángulos. Y aunque el tema central es la geometría, varios de los volúmenes se ocupan también de teoría de números: números primos, progresiones geométricas, criterios de divisibilidad, números irracionales...

Especialmente elegante en su sencillez es la demostración de la infinitud de los números primos que incluye la obra. Supongamos que hay un número finito de primos: 2, 3, 5, 7, 11, 13... n, y llamemos N al producto de todos ellos: $N + 1$ no es divisible por ninguno, ya que al dividirlo entre 2, entre 3, entre 5... o entre n dará de resto 1. Por

Euclides (*ca.* 325 a. C.-*ca.* 265 a. C.)

A pesar de la enorme fama de su obra, se sabe muy poco de la vida de Euclides. Vivió en Alejandría hacia el año 300 a. C., aunque es probable que se educara en Atenas, lo que explicaría su profundo conocimiento de la geometría que se enseñaba en la Academia de Platón.

La escuela que Euclides fundó en Alejandría alcanzó un gran prestigio durante el reinado de Ptolomeo I. Se cuenta que el rey le pidió que le mostrara un procedimiento abreviado para comprender su compleja materia, a lo que el sabio respondió: «No hay Camino Real hacia la geometría». Por una parte, era una alusión al famoso Camino Real Persa, la vía más rápida de su tiempo, y, por otra, una sutil manera de decirle a Ptolomeo que los reyes tenían que esforzarse igual que los demás. ∅

lo tanto, o $N + 1$ es primo o, si es compuesto, los primos en que se puede descomponer son mayores que n, lo que demuestra que no puede haber un último número en la lista de los primos, o lo que es lo mismo, que esa lista es infinita.

Triángulos indeformables

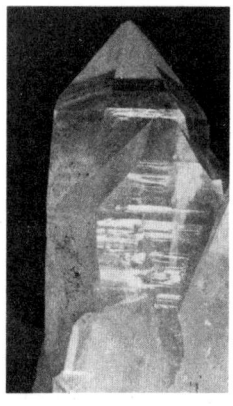

Cristal de cuarzo.

Al igual que ocurre con las demás figuras geométricas, los triángulos propiamente dichos son escasos en la naturaleza, pues, para empezar, hay muy pocas líneas rectas (en puridad, no hay ninguna, como veremos más adelante). Existen estructuras naturales cuya representación plana es inscribible en un triángulo, como las copas de las coníferas, los volcanes o los deltas de algunos ríos; en cambio, para encontrar auténticos triángulos naturales (es un decir, pues los triángulos auténticos son objetos ideales) hay que buscarlos en la cristalografía: lo más parecido a un triángulo equilátero lo hallaremos, probablemente, en un cristal prismático-piramidal de cuarzo.

Sin embargo, y al igual que ocurre con el ángulo recto, la naturaleza nos viene dictando desde hace milenios la construcción de infinidad de triángulos. Como hemos visto, la enorme proliferación de ángulos rectos en nuestras construcciones se debe a razones más físicas que geométricas; es un «pacto de lealtad con la naturaleza», como dijo Le Corbusier, pues la fuerza de gravedad convierte la vertical en una referencia inevitable y, a la vez, hace que nos sintamos más cómodos y seguros sobre superficies horizontales.

Figura 8. Cúpula geo-
désica.

Por otro lado, los omnipresentes triángulos de nuestras obras y construcciones también se deben, sobre todo, a razones físicas: el triángulo es el único polígono «indeformable», en el sentido de que mantendría su forma aunque sus vértices fueran uniones articuladas, como bisagras. Un cuadrado con los vértices articulados se convertiría fácilmente en un rombo bajo la más ligera presión, mientras que un triángulo solo podríamos deformarlo rompiéndolo o doblando sus lados. Por eso las estructuras hechas de triángulos (como las torres metálicas o las cúpulas geodésicas, como la de la figura 8) son tan resistentes.

El más famoso de los triángulos es, sin duda, el triángulo sagrado egipcio, de lados 3, 4 y 5. Como ya hemos visto, se utiliza desde la más remota Antigüedad para construir ángulos rectos, y sus notables propiedades fascinaron tanto a los pitagóricos como a Platón, que le dedicó un capítulo en su *República*. Por ejemplo, el área del triángulo egipcio es 6, que es el primero de los números perfectos (que son iguales a la suma de sus divisores: 6 = 1 + 2 + 3), y el cubo de dicha área es igual a la suma de los cubos de sus lados.

Cuadriláteros funcionales

Solo hay un polígono cuyos ángulos sean todos rectos, o lo que es lo mismo, cuyos lados contiguos sean todos perpendiculares: el rectángulo (y, por supuesto, el cuadrado, que es un rectángulo con los cuatro lados iguales). Así que el hecho de que estemos rodeados de rectángulos por todas partes es una consecuencia directa de nuestro «pacto con la naturaleza».

Escribo estas líneas en un ordenador de pantalla rectangular, con un teclado rectangular cuyas teclas son pequeños cuadrados, y el ordenador está sobre una mesa rectangular sostenida por un suelo rectangular de baldosas cuadradas, rodeado de paredes rectangulares cubiertas de estanterías rectangulares llenas de libros rectangulares (ortoédricos, a decir verdad, ya que son objetos tridimensionales). Los rectángulos, cuadrados y ortoedros están por todas partes, aunque en la naturaleza no intervenida por los seres humanos hemos de buscarlos, al igual que los triángulos, en la cristalografía.

Además de los rectángulos y los cuadrados, hay otras clases de cuadriláteros: paralelogramos, rombos, trapecios y trapezoides. Sin embargo, si nos fijamos, solo los rombos son relativamente abundantes en nuestros diseños. El motivo es que tienen los cuatro lados iguales y una doble simetría axial: sus dos diagonales lo dividen en mitades que son imágenes especulares la una de la otra.

Pentágonos dorados

En un pentágono regular, la razón entre la diagonal y el lado es el número áureo.

Figura 9. Pentagrama
y pentágono.

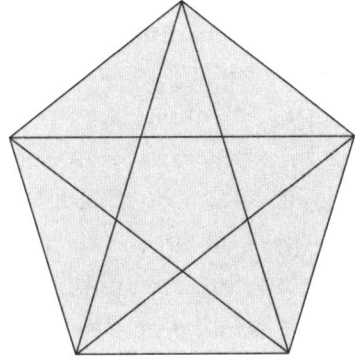

Y si trazamos las cinco diagonales obtenemos un pentagrama o pentáculo (figura 9), la estrella de cinco puntas que fue el emblema de los pitagóricos y en la que también hallaremos el número áureo siempre que dividamos uno de sus segmentos por el inmediatamente inferior en longitud (figura 10).

Figura 10. Obtención del número áureo a partir de un pentagrama.

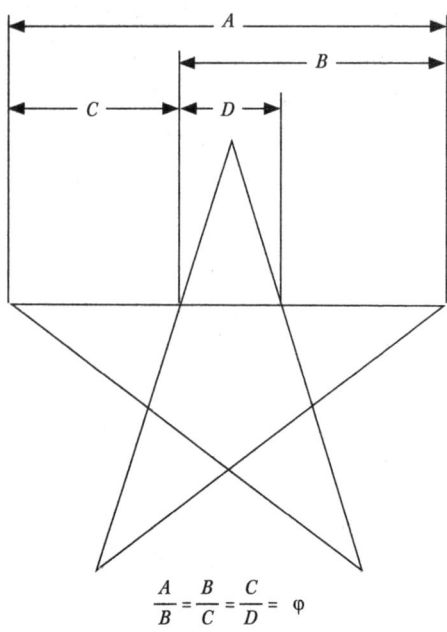

$$\frac{A}{B} = \frac{B}{C} = \frac{C}{D} = \varphi$$

Desde las flores pentámeras, como la del cerezo o el manzano, hasta los equinodermos, como las estrellas de mar (algunas de las cuales son auténticos pentáculos vivientes), el pentágono regular y el pentagrama aparecen a menudo esbozados en la naturaleza, tanto en el reino vegetal como en el animal. Y el hecho de que, en general, nos causen una agradable impresión estética tiene que ver, sin duda, con la relación del pentágono con el número áureo y de este con nuestra propia anatomía.

El pentágono más famoso es, sin duda, la sede del Departamento de Defensa de Estados Unidos. Esta forma no es casual, pues se construyó con el propósito de que fuera el edificio de oficinas más eficiente del mundo (además del más grande). A pesar de que hay en él casi treinta kilómetros de corredores, para ir de un punto del edificio a cualquier otro se tarda un máximo de siete minutos.

Las estrellas de mar, auténticos pentáculos vivientes.

Hexágonos compactos

El hexágono regular está estrechamente relacionado con el triángulo equilátero. Si trazamos las tres diagonales mayores de un hexágono regular, queda dividido en seis triángulos equiláteros iguales, y si unimos sus vértices alternos mediante segmentos rectilíneos, obtenemos un triángulo equilátero cuya área es la mitad de la del hexágono.

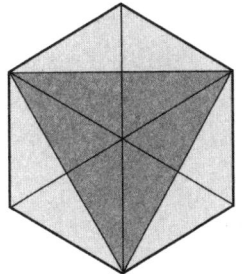 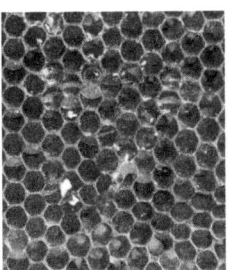 

Panales y caparazones, representaciones de hexágonos en la naturaleza.

La compacta (y compactable) silueta del hexágono regular aparece a menudo en la naturaleza. Ya los geómetras de la antigua Grecia observaron con asombro que las celdillas de un panal de abejas forman mosaicos hexagonales casi perfectos, con lo que consiguen almacenar la mayor cantidad de miel con el menor gasto de cera (dicho en términos matemáticos, resuelven un problema de máximos y mínimos). Y estructuras hexagonales parecidas aparecen en lugares tan diversos como los caparazones de las tortugas, los pólipos coralinos o las mazorcas de maíz.

La razón de tan sorprendentes diseños naturales es, sin embargo, muy simple, y tiene que ver con el denominado «empaquetamiento denso». Si agrupamos sobre una superficie plana una veintena de canicas esféricas (o en su defecto, guisantes o garbanzos) y las juntamos lo más posible, veremos que cada canica queda rodeada por otras seis, en una disposición perfectamente ordenada. Si las canicas fueran deformables (como bolitas de cera o plastilina), los pequeños huecos que quedan entre ellas desaparecerían al apretarlas unas contra otras y acabarían formando un mosaico hexagonal. Por eso en la naturaleza aparece con frecuencia este diseño, pues cualquier agrupación de elementos iguales y deformables que son comprimidos unos contra otros tiende a producir mosaicos hexagonales.

El mayor hexágono natural es... Francia. La parte continental del país galo recibe el sobrenombre de *l'Hexagone* por su forma vagamente hexagonal (figura 11).

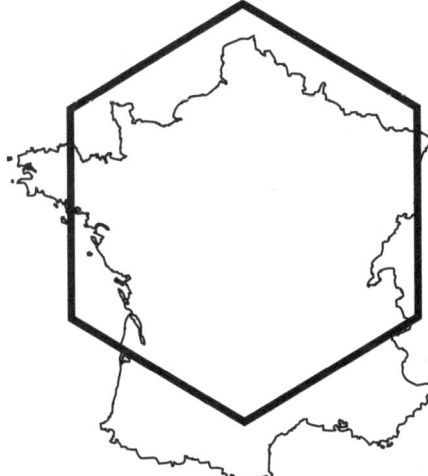

Figura 11. Francia continental europea.

PROBLEMA 9

Baldosas regulares

Si se desea pavimentar un suelo con baldosas que sean polígonos regulares y todas iguales, ¿cuántas opciones distintas hay al elegir la forma de las baldosas?

Las curvas de la naturaleza

La circunferencia y el círculo

Las líneas rectas son escasas en la naturaleza (en puridad, no existen, como ya hemos comentado y veremos enseguida). Las curvas más o menos armoniosas, sin embargo, están por doquier, y entre ellas destaca la circunferencia, si no por su abundancia, sí por su acabada perfección.

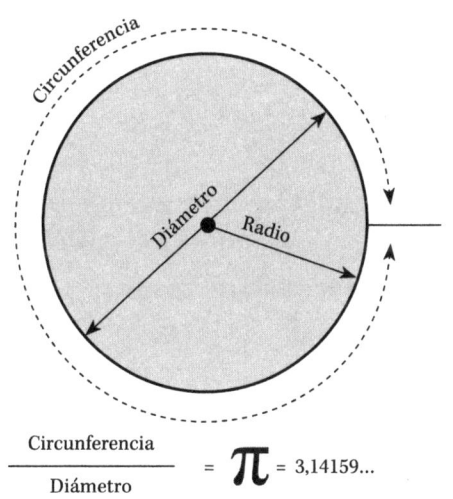

Figura 12. Cálculo de π.

$$\frac{\text{Circunferencia}}{\text{Diámetro}} = \pi = 3,14159...$$

Los términos «circunferencia» y «círculo» se suelen considerar sinónimos, pero no lo son. La circunferencia es una curva cerrada y plana cuyos puntos equidistan de otro que es el centro, mientras que el círculo es la porción de plano limitada por la circunferencia. Podemos considerar, como Arquímedes (que se anticipó en dos mil años al cálculo infinitesimal), que el círculo es un polígono regular de infinitos lados, con lo que la circunferencia sería su perímetro y el diámetro, su diagonal.

La razón entre la longitud de una circunferencia y su diámetro es el celebérrimo π, un número irracional al que se le suele dar el valor 3,14 o 3,1416 (según si los cálculos en los que interviene requieren mayor o menor precisión), pero que en realidad tiene infinitos decimales: 3,1415926... Si llamamos r al radio de la circunferencia, su longitud será igual a $2\pi r$, puesto que el radio es la mitad del diámetro (figura 12).

Para hallar el área del círculo tal como lo hizo Arquímedes, calculemos primero la de un polígono regular. Podemos dividir un polígono regular cualquiera, trazando sus radios (los segmentos que unen el centro con los vértices), en tantos triángulos iguales como lados tenga el polígono, y el área de cada uno de estos triángulos será $la/2$, siendo l el lado del polígono y a su apotema, que es la perpendicular desde el centro a uno de los lados. Si el polígono tiene n lados, su área será $nla/2$; pero nl es el perímetro (p) del polígono (longitud de un lado multiplicada por el número de lados), y por tanto el área del polígono será $pa/2$ (figura 13).

Figura 13. Área de un
polígono regular.

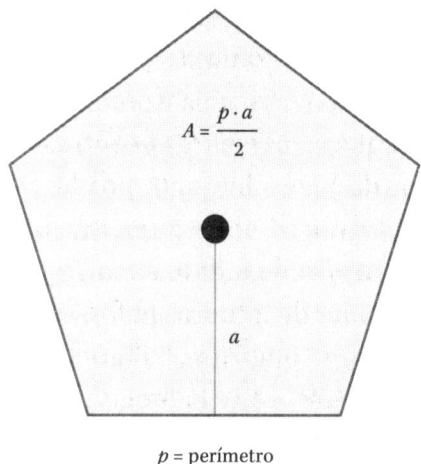

$$A = \frac{p \cdot a}{2}$$

a

p = perímetro

Si consideramos el círculo como un polígono de infinitos lados, su perímetro es la longitud de la circunferencia y su apotema es el radio, por lo que su área será $2\pi rr/2 = \pi r^2$.

Se podría decir que la naturaleza es un conglomerado de círculos simbólicos y dinámicos: los ciclos naturales, la propia rotación de la Tierra, las ondas concéntricas que se forman en la superficie de un estanque al tirar una

Dos ejemplos de círculos en la naturaleza.

piedra... Y también vemos círculos por doquier como siluetas de objetos aproximadamente esféricos (sobre los que volveremos más adelante): los frutos y semillas dc numerosas plantas, algunos huevos, los ojos de la mayoría de los animales, el disco solar y la luna llena...

Los círculos aproximadamente planos son menos abundantes, pero los vemos en las corolas de muchas flores y en las plantas acuáticas, pues se trata de la figura plana de mayor superficie a igual perímetro, y además tiene simetría central, por lo que algo que crezca de dentro afuera optimizando la utilización del espacio tenderá a tomar la forma circular o esférica.

Elipses, parábolas e hipérbolas

Junto con la circunferencia, las elipses, parábolas e hipérbolas se denominan secciones cónicas, o simplemente cónicas, porque se obtienen al cortar un cono con un plano según distintos ángulos. Si el corte es paralelo a la base del cono, obtenemos una circunferencia; si es paralelo a la generatriz del cono, una parábola; una inclinación del corte intermedia da lugar a una elipse, y si el corte es perpendicular a la base del cono se obtiene una hipérbola (figura 14).

Así como la circunferencia es el lugar geométrico de los puntos que equidistan de otro que es el centro, la elipse es el lugar geométrico de los puntos cuya suma de

Figura 14. Cónicas en
perspectiva.

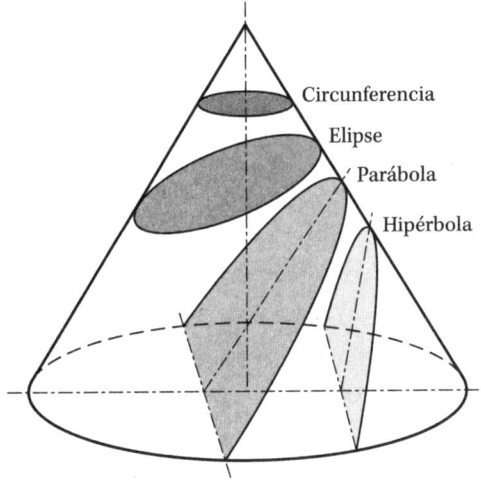

distancias a otros dos, llamados focos, es constante (figura 15). En consecuencia, se puede considerar que la circunferencia es un caso particular de la elipse en el que la

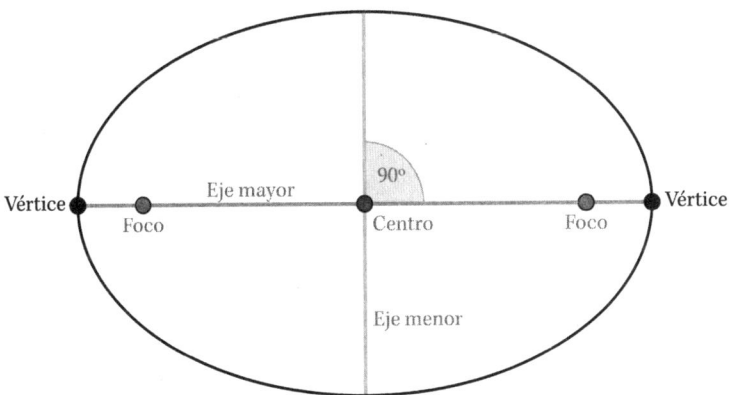

Figura 15. Elipse.

distancia entre los focos es nula y coinciden en un mismo punto; cuanto mayor es la separación entre los focos (distancia focal) con respecto al eje mayor de una elipse, más excéntrica (o sea, alargada) es dicha elipse. La excentricidad se expresa mediante la razón entre la distancia focal y el eje mayor (figura 16). Una circunferencia, por tanto, es una elipse de excentricidad 0.

En la naturaleza, las elipses son fundamentales pero intangibles, pues las más importantes son las órbitas de los planetas y los satélites. En su movimiento de traslación, la Tierra describe una elipse con el Sol en uno de los focos, y lo mismo ocurre con los demás planetas. También la Luna describe una órbita elíptica a nuestro alrededor, aunque tanto la órbita terrestre como la lunar son de baja excentricidad (a pesar de que suelen dibujarse bastante

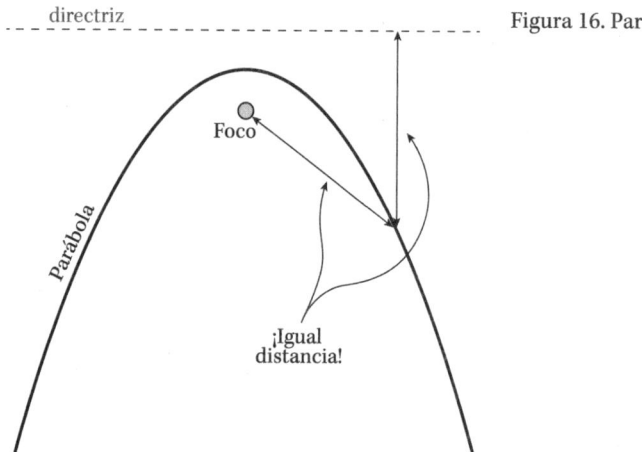

Figura 16. Parábola.

alargadas para subrayar el hecho de que no son circunferencias).

La parábola es el lugar geométrico de los puntos de un plano que equidistan de una recta llamada directriz y un punto exterior a ella llamado foco.

En la naturaleza abundan las parábolas, aunque rara vez llegamos a visualizarlas (como en el chorro de una fuente o una manguera), pues son las trayectorias de todo tipo de proyectiles (figura 17). Por ejemplo, al lanzar una piedra (siempre que no sea verticalmente hacia arriba o hacia abajo, ya que en ese caso su trayectoria es rectilínea), su recorrido describe de forma muy aproximada una parábola. En realidad, tiende a describir una

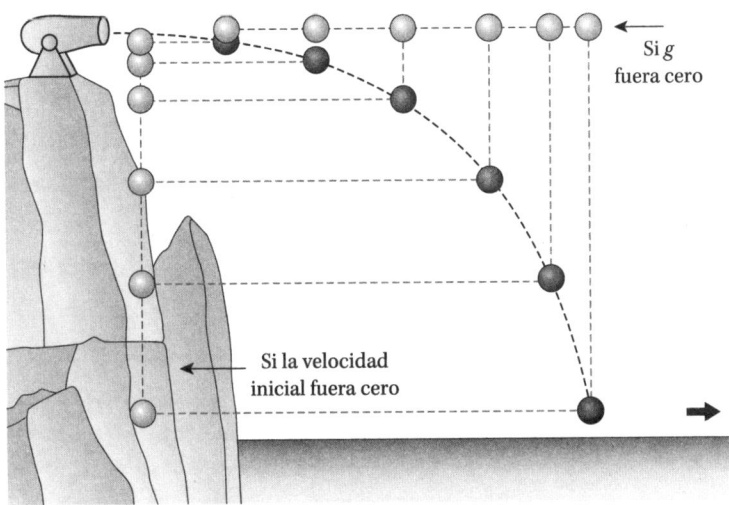

Figura 17. Trayectoria de un proyectil.

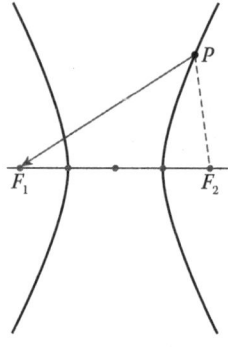

Figura 18. Hipérbola.

elipse en uno de cuyos focos está el centro de la Tierra (como un momentáneo satélite de nuestro planeta), pero como la Tierra es enorme y prácticamente plana en relación con la piedra y su breve trayectoria, esta se puede considerar la resultante de un movimiento rectilíneo uniforme (el lanzamiento) y un movimiento vertical uniformemente acelerado (la caída).

La hipérbola es el lugar geométrico de los puntos de un plano cuya diferencia de distancias a dos puntos fijos llamados focos es constante. En la figura 18, la diferencia $PF_2 - PF_1$ es la misma para cualquier punto P.

«Hipérbola» e «hipérbole» son términos con parentesco morfológico, por lo que podríamos decir, coloquialmente, que la hipérbola es una curva «excesiva». De hecho, un objeto que se mueve lo suficientemente deprisa como para escapar del campo gravitatorio de un planeta o una estrella (es decir, con una velocidad «excesiva») sigue una trayectoria hiperbólica. Algunos cometas tienen órbitas hiperbólicas, lo que significa que pasan una única vez cerca del Sol y luego se alejan indefinidamente.

La geometría del espacio

Los cuerpos geométricos

Aunque vemos el mundo en dos dimensiones, pues las imágenes que se forman en nuestra retina son tan planas como una fotografía (si bien la visión binocular nos devuelve la sensación de profundidad), en realidad la naturaleza es tridimensional, por lo que las figuras planas son entelequias que solo existen —y solo aproximadamente— sobre una hoja de papel o una pantalla. Los objetos que nos rodean tienen tres dimensiones, y de ellos se ocupa la denominada «geometría del espacio» (para diferenciarla de la «geometría plana»). De ellos, o más bien de sus esquematizaciones idealizadas, ya que en la naturaleza no existen esferas ni cubos perfectos.

Los cuerpos geométricos, también llamados «sólidos», son básicamente de dos clases: poliedros y cuerpos redondos. Los primeros tienen todas las caras planas, como el cubo, y en los segundos hay al menos una superficie curva, como en el cilindro.

Los poliedros, a su vez, pueden ser regulares o irregulares; los primeros tienen todas las caras y los ángulos sólidos iguales, y los segundos no. Entre los poliedros irregulares merecen especial mención los prismas y las pirámides. Y los principales cuerpos redondos son el cilindro, el cono y la esfera.

Los sólidos platónicos

Los poliedros regulares se llaman también sólidos platónicos, en honor del gran filósofo griego Platón, que fue el primero que los estudió de forma sistemática. Son poliedros convexos cuyas caras son todas polígonos regulares

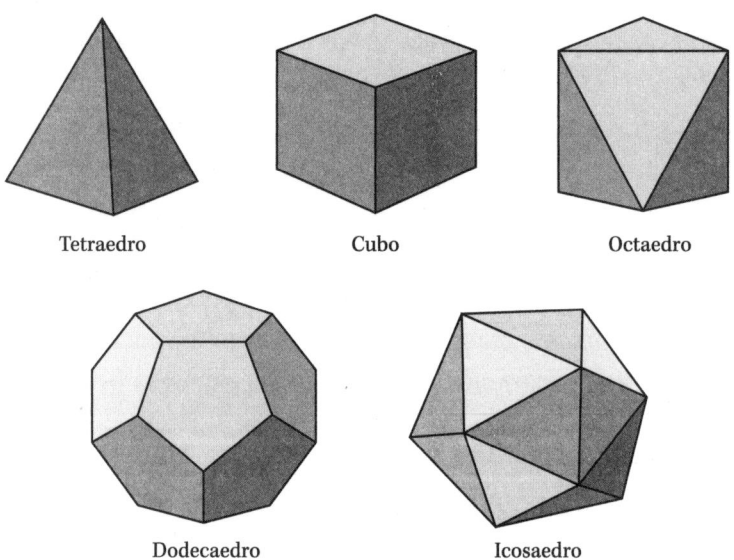

Tetraedro   Cubo   Octaedro

Dodecaedro   Icosaedro

iguales entre sí y cuyos ángulos sólidos también son iguales.

Los sólidos platónicos son cinco:
el tetraedro, el cubo (o hexaedro regular), el octaedro, el dodecaedro y
el icosaedro. Como poliedros convexos, cumplen el teorema de Euler: el
número de caras más el número de
vértices es igual al número de aristas
más dos ($c + v = a + 2$). El cubo, por
ejemplo, tiene 6 caras, 8 vértices y
12 aristas, y $6 + 8 = 12 + 2$.

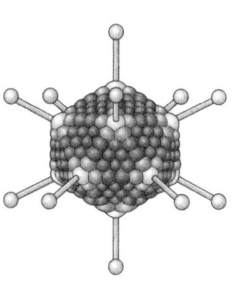

Figura 19. Un adeno-
virus.

En la naturaleza podemos encontrar algunos sólidos
platónicos, sobre todo cubos, en la cristalografía: cuando las moléculas de un mineral se disponen según una
retícula tridimensional ortogonal, pueden dar lugar a
cristales que son cubos casi perfectos, como en el caso de
la pirita o la sal común. Y la cápside o cabeza de algunos
adenovirus tiene forma de icosaedro (figura 19).

Los prismas

Un prisma es un poliedro con dos caras paralelas, denominadas bases, que son polígonos iguales, unidas por
una serie de paralelogramos (tantos como lados tienen
los polígonos). Si las caras laterales son rectángulos, se

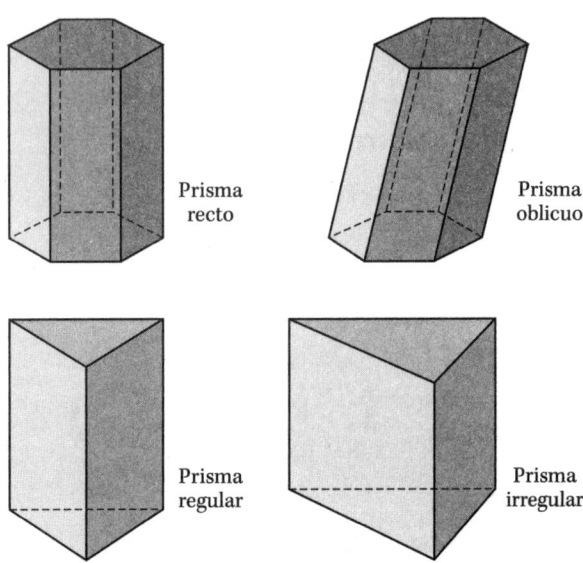

Prisma recto

Prisma oblicuo

Prisma regular

Prisma irregular

trata de un prisma recto, y si las bases son polígonos regulares, tenemos un prisma regular.

Los poliedros suelen aparecer en la naturaleza a pequeña escala, como en el caso de los cristales, o pequeñísima, como en el caso de algunos virus. Pero los prismas tienen en los órganos basálticos una grandiosa manifestación natural. Los órganos o columnas basálticas son imponentes formaciones regulares de pilares verticales, con forma de prismas poligonales, preferentemente hexagonales, que se forman por la fractura de la roca durante el enfriamiento de la lava basáltica en algunas coladas volcánicas.

Si tanto las bases como las caras laterales de un prisma son rectángulos, se trata de un ortoedro (figura 20),

Columnas basálticas.

una de las formas artificiales más frecuentes a todas las escalas, pues van desde las cajas y los ladrillos a las grandes estructuras arquitectónicas, pasando por las habitaciones de las casas. El ortoedro es la máxima expresión de ese «pacto de lealtad con la naturaleza» del que hablaba

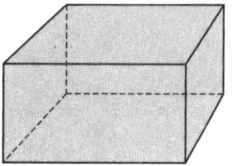

Figura 20. Un ortoedro.

Le Corbusier. El cubo es un caso particular del ortoedro: aquel cuyas seis caras son cuadrados.

Si las aristas de un ortoedro están en la proporción 1, φ y $\varphi+1$, se denomina ortoedro áureo.

Las pirámides

Una pirámide es un poliedro cuya base es un polígono y cuyas caras laterales son triángulos que convergen en un punto que se suele denominar vértice, aunque es más adecuado llamarlo ápice, pues también son vértices los correspondientes al polígono de la base.

Al igual que los prismas, las pirámides pueden ser rectas u oblicuas, y una pirámide recta cuya base es un polígono regular es una pirámide regular.

Si observamos la forma que adoptan de manera natural los montones de grava o arena, comprenderemos por qué las pirámides son construcciones recurrentes de algunas de las grandes culturas de la Antigüedad, pues su forma sumamente estable permitió levantar enormes monumentos por simple apilamiento de bloques de piedra. Una vez más, una estructura artificial es sugerida directamente por la naturaleza.

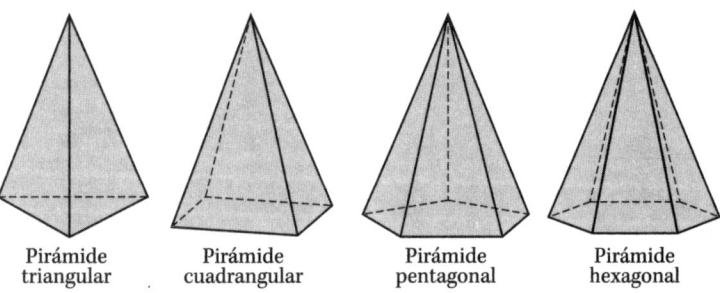

| Pirámide triangular | Pirámide cuadrangular | Pirámide pentagonal | Pirámide hexagonal |

Los cilindros

Aunque hay cilindros oblicuos, elípti- cos y de otras clases, por cilindro nos referimos normalmente al circular recto, cuyas bases son círculos igua- les y cuyo eje (la recta que pasa por ambos centros) es perpendicular a ellos.

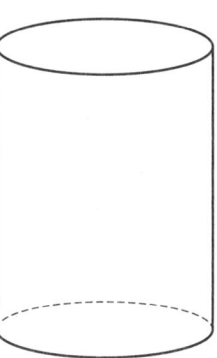

Se dice que un cilindro es un sóli- do de revolución porque se genera al girar un rectángulo alrededor de uno de sus lados.

Muchos troncos de árboles y tallos vegetales son apro- ximadamente cilíndricos, y también los cálamos de las plumas y algunos huesos, pues algo que crece de dentro a afuera, y de forma homogénea alrededor de un eje, tiende a adoptar dicha forma, que además es muy resistente.

Los conos

Al igual que los cilindros, los conos son sólidos de revo- lución que se obtienen al girar un triángulo rectángulo alrededor de uno de sus catetos. Aquel que sirve de eje de la rotación se convierte en la altura del cono, el otro es el radio del círculo de la base y la hipotenusa es la genera- triz de la superficie lateral.

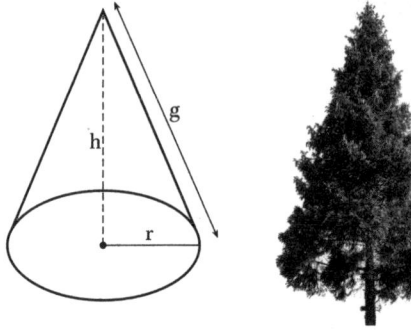

Las formas cónicas abundan en la naturaleza, y los conos de los volcanes son su manifestación más imponente. También en el reino vegetal son abundantes, no en vano un importante grupo de árboles y arbustos recibe el nombre de coníferas.

La esfera

Decimos «esfera», en singular, ya que, si bien hay distintas clases de cilindros, conos o pirámides, no es así en el caso de las esferas, que son todas iguales excepto en el tamaño.

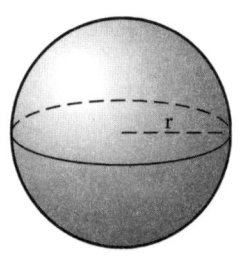

Del mismo modo que la circunferencia es el lugar geométrico de los puntos del plano que equidistan de otro punto dado, la superficie esférica es el lugar geométrico de los puntos del espacio que equidistan de ese otro punto, que es el centro. La distancia de un punto de la superficie al centro es el radio de la esfera, y todos aquellos cuya distancia al centro es menor o igual que el radio integran la figura como un sólido geométrico.

Platón (427 a. C.–347 a. C.)

Su verdadero nombre era Aristocles (Platón era un mote alusivo a su robusta constitución física) y nació probablemente en Atenas. Discípulo de Sócrates y maestro de Aristóteles, forma con ellos el gran triunvirato de la filosofía griega, y aunque no fue propiamente un matemático, contribuyó de manera extraordinaria a la valoración y el estudio de  la geometría; fue, asimismo, el primero en estudiar a fondo los poliedros regulares, llamados en su honor «sólidos platónicos». En el año 387 a. C. fundó su famosa Academia, en cuyo frontispicio había un letrero que decía: «Que no entre aquí quien no sepa geometría». Ø

Al igual que el cilindro y el cono, la esfera es un sólido de revolución que se obtiene al rotar un semicírculo alrededor de su diámetro.

Se trata del sólido con mayor volumen a igual superficie, y por tanto es la forma que tiende a adoptar cualquier agrupación de partículas obligadas a juntarse lo más posible por algún tipo de fuerza, desde una gota de agua a un planeta o una estrella. En este sentido, es la forma dominante de la naturaleza.

Son aproximadamente esféricos muchos frutos, semillas, huevos, perlas... pero la esfera natural más perfecta que conocemos es el Sol. La diferencia entre su diámetro ecuatorial y su diámetro polar es de apenas unas millonésimas, lo que significa que si fuera una bola de un metro de diámetro, esa diferencia sería de unas pocas micras.

Y hablando de huevos, hay una buena razón para que muchos de ellos no sean esféricos sino ovoides. Una esfera rueda fácilmente en cualquier dirección, mientras que un huevo ligeramente alargado y con un extremo más abultado que el otro tiende a rodar en círculos alrededor del extremo más estrecho, con lo que hay menos probabilidades de que se aleje accidentalmente del nido; y, por otra parte, un huevo ligeramente ahusado es más fácil de poner. Por eso la selección natural ha hecho que, en muchas especies de aves, acaben imponiéndose mutaciones en principio «defectuosas» con respecto a la más homogénea y resistente forma esférica.

Puesto que la esfera nos ofrece el máximo volumen a igual superficie, ¿por qué nuestros contenedores suelen ser ortoédricos y no esféricos? Hay dos razones de peso: los ortoedros se construyen fácilmente a partir de superficies planas (tablas de madera, planchas de cartón, lienzos de ladrillos, etcétera), y además se pueden apilar de forma estable y con un aprovechamiento máximo del espacio; una vez más, se impone el pacto de lealtad con la naturaleza, basado en el ángulo recto.

Geometrías no euclídeas

De los cinco postulados de Euclides (véase el capítulo «El mundo ideal de la geometría»), el quinto fue desde el principio el más controvertido. Parecía evidente que por un punto exterior a una recta solo se podía trazar una paralela a dicha recta, sin embargo, no estaba claro si ese postulado podía deducirse de los otros cuatro (con lo cual no habría sido un postulado, sino un teorema), ni si era imprescindible para el desarrollo de la geometría.

Durante más de dos milenios, muchos matemáticos se esforzaron por demostrar el quinto axioma de Euclides a partir de los otros, entre ellos el gran poeta persa Omar Jayam, que dibujó un rectángulo e intentó probar que si dos de los ángulos son rectos también han de serlo los otros dos; pero sin recurrir al quinto postulado solo pudo demostrar que son iguales.

En el siglo XVIII, el matemático italiano Girolamo Saccheri llevó a cabo un interesante intento con el que se anticiparía a las geometrías no euclídeas: cambió el quinto postulado por otro que lo contradecía y trató de demostrar, infructuosamente, que de este modo se llegaba a un absurdo.

En el siglo XIX, y partiendo de la idea de Saccheri, tres matemáticos —Gauss, Bolyai y Lobachevsky— llegaron cada uno por su cuenta a la misma conclusión: el quinto postulado era independiente de los otros cuatro, y al alterarlo se obtienen otras geometrías, distintas de la euclídea pero igualmente válidas. Así, si decimos que por un punto exterior a una recta no pasa ninguna paralela a esta, se obtiene la geometría esférica (sobre la que ya había especulado Arquímedes), mientras que si decimos que pasan infinitas, se obtiene la geometría hiperbólica de Lobachevsky.

El universo no es euclídeo (pero casi)

A petición de Gauss, el matemático alemán Bernhard Riemann impartió en 1854 una conferencia titulada «Sobre las hipótesis tras los fundamentos de la geometría». En ella, y apartándose de Euclides, dio un impulso decisivo a la geometría diferencial, que se adapta mejor que la euclídea al universo relativista postulado por Albert Einstein.

Sin entrar en detalles técnicos excesivamente abstrusos, baste decir que el mundo solo es aproximadamente euclídeo. En contra de lo que nos dice la intuición, el espacio y el tiempo no son absolutos ni independientes, sino que forman un continuo espaciotemporal que se curva de forma inconcebible para nuestra imaginación, pero que es físicamente demostrable. Globalmente, la curvatura del universo podría ser muy pequeña o incluso nula, pero con importantes variaciones locales.

Algunas ideas fuertemente arraigadas, como la de que la luz se propaga en línea recta, no son exactas (aunque

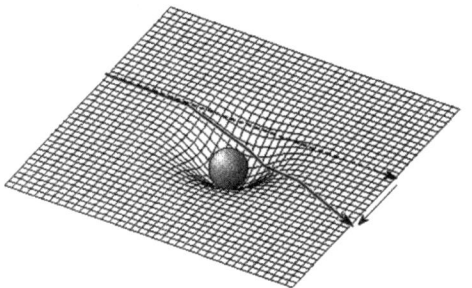

Curvatura del espacio-tiempo. Los cuerpos masivos provocan una depresión en el espacio-tiempo, que hace que las trayectorias de los objetos y de la luz se desvíen al pasar por sus proximidades.

a efectos prácticos es como si lo fueran). En realidad, la luz se curva bajo la influencia de un campo gravitatorio, fenómeno que los astrónomos aprovechan para detectar objetos masivos invisibles, como los agujeros negros, mediante las denominadas «lentes gravitacionales»; e incluso varios planetas extrasolares han sido detectados de este modo.

De la geometría a la topología

La topografía

Sabemos ya que el término «geometría», es decir la 'medición de la tierra', acabó designando el estudio de las figuras ideales, por lo que hubo que dar otro nombre a la descripción y medición de la superficie terrestre. Y ese nombre es «topografía» (del griego *topos*, 'lugar').

La topografía es la ciencia que estudia el conjunto de procedimientos utilizados para determinar las posiciones de determinados puntos sobre la superficie terrestre mediante mediciones relativas a las tres dimensiones del espacio. Los topógrafos pueden determinar de distintas maneras la posición de un punto; por ejemplo, mediante su elevación sobre el nivel del mar y dos distancias a sendos puntos predeterminados, o mediante una distancia, una dirección y una elevación. El conjunto de operaciones necesarias para determinar las posiciones de los puntos y su posterior representación en un plano es lo que comúnmente se denomina «levantamiento».

No hay que confundir la topografía con la topología. Paradójicamente, dos términos que pueden parecer equivalentes designan dos ramas o derivaciones de la geometría situadas en extremos opuestos; pues mientras que la topografía es una aplicación práctica de la geometría, la topología representa su máximo grado de abstracción.

La geometría de chicle

La topología es una de las ramas más abstractas (y abstrusas) de la matemática. Una rama tan escurridiza que ni siquiera resulta fácil definir su objeto de estudio en términos coloquiales, y a menudo se recurre a las metáforas, o incluso a los chistes, para dar una idea intuitiva de su naturaleza. Se suele llamar a la topología cosas tales como geometría de chicle, geometría de la hoja elástica o geometría deformable, pues estudia (entre otras cosas) aquellas propiedades de las figuras geométricas que no varían al deformarlas de manera continua, es decir, sin romperlas ni pegarlas. Por eso podríamos decir jocosamente que un topólogo es alguien que al desayunar no distingue el donut de la taza de café, pues el agujero del asa de la taza es topológicamente equivalente al de la rosquilla (si cogiéramos una taza de plastilina y reagrupáramos toda la materia del cuenco alrededor del asa, obtendríamos una rosquilla).

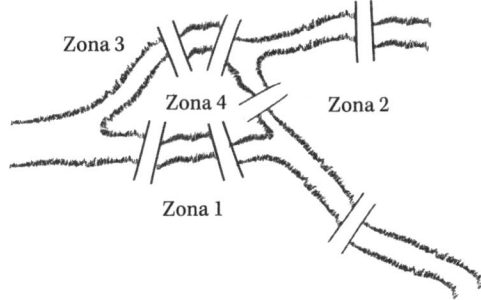

Figura 21. Los puentes de Königsberg.

Aunque los fundamentos de la topología se remontan a Arquímedes, se suele considerar que su constitución como rama específica (y fundamental) de la matemática tuvo lugar en el siglo XVIII, tras la resolución del famoso problema de los puentes de Königsberg (figura 21). Hacía tiempo que los lugareños se preguntaban si era posible recorrer las cuatro zonas de dicha ciudad fluvial (dos islas y ambos márgenes del río) pasando una y solo una vez por cada uno de los siete puentes que las conectaban, y en 1736 Euler demostró que tal recorrido era imposible.

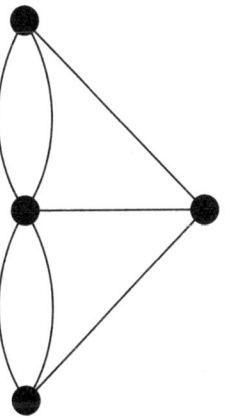

Figura 22. Esquema de los puentes.

Su brillante forma de abordar lo que parecía una anécdota local inauguró la teoría de grafos y la moderna topología.

Para demostrar que era imposible recorrer las cuatro zonas de Königsberg pasando una y solo una vez por los siete puentes que las conectaban, Euler esquematizó el recorrido representando cada zona de la ciudad mediante un punto y cada puente mediante un segmento.

Luego vio que en los puntos intermedios del recorrido tenían que confluir un número par de líneas, pues por cada tramo de llegada tenía que haber uno de salida. Únicamente en el punto inicial y en el punto final del recorrido debían confluir un número impar de líneas (a no ser, claro está, que el punto inicial y el final fueran el mismo). Sin embargo, y como se puede ver en el diagrama de la figura 22 (con el que Euler inauguró la teoría de grafos), en todos los puntos confluyen un número impar de líneas, por lo que el recorrido es imposible.

Ya en el siglo XX, las insospechadas aplicaciones de la topología a la física dieron un nuevo y vigoroso impulso a la joven disciplina. El físico y matemático británico William Thomson (lord Kelvin) pensó que el átomo era un nudo en la corriente del éter (la teoría de nudos es una rama fundamental de la topología), y la teoría de supercuerdas y otras audaces especulaciones de la física teórica (como la que sitúa al gravitón en una hipotética quinta dimensión espacial) también requieren una compleja armazón topológica.

Y la abstrusa y abstracta topología también podría ser útil para estudiar esa peculiar cúspide de la evolución de la naturaleza que es la mente. De hecho, el psiquiatra francés Jacques Lacan intentó utilizarla para apuntalar su peculiar concepción del inconsciente y del psiquismo humano en general, llegando a identificar el nudo borromeo (tres aros entrelazados de forma que al eliminar uno cualquiera de los tres se liberan los otros dos) con la tríada real-imaginario-simbólico y el toro (rosquilla) con la neurosis.

Las elucubraciones topológicas de Lacan han sido objeto de justificadas críticas. Pero sigue abierta la posibilidad de aplicar la topología al estudio de ciertos «lugares» o «variedades» que escapan a la cuantificación y a una configuración precisa. La topología no se ocupa de las formas y los tamaños concretos, sino de propiedades mucho más generales, como la continuidad, la proximidad, la conectividad, la compacidad..., lo que, en principio, podría hacerla adecuada para modelizar algunos aspectos de la compleja realidad material y cultural. De hecho, la topología diferencial está en la base de la teoría de catástrofes de René Thom, cuyas aplicaciones a la lingüística y a las ciencias de la conducta, aunque polémicas, han suscitado un gran interés.

Como hemos visto, Galileo decía que hay que medir todo lo que es medible y hacer medible lo que no lo es; pero son muchas las cosas que se resisten a ser medidas, y la topología nos brinda conceptos y herramientas capaces de representar lo informe y acotar lo inconmensurable, como la vasija que le presta su forma al líquido que contiene.

Una vez más, se cierra el círculo, y algunas de las más abstractas elucubraciones matemáticas podrían ser

Problema 10

De un solo trazo

De un solo trazo y sin levantar el lápiz del papel, dibujar un sobre abierto como el de la figura.

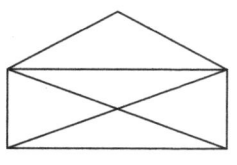

especialmente adecuadas para describir el comportamiento de la naturaleza.

¿Qué es una demostración?

Las matemáticas de la naturaleza y la naturaleza de las matemáticas son dos cuestiones inseparables. Tendemos a ver las relaciones y los procesos de forma lineal, puesto que el lenguaje y el propio tiempo son en apariencia líneas unidimensionales y unidireccionales; pero las cosas suelen ser más complejas, y numerosas cuestiones matemáticas nos hacen reflexionar sobre la naturaleza humana —sobre nuestra forma de pensar la realidad— y, de rebote, sobre la propia naturaleza de las matemáticas. En este sentido, puede resultar ilustrativa la demostración, relativamente reciente, de un teorema topológico.

En 1976, el interés por la topología saltó súbitamente de los círculos especializados a los grandes medios, cuando la conocida conjetura de los cuatro colores —según la cual cuatro colores son suficientes para rellenar cualquier mapa sin que dos zonas adyacentes sean del mismo color— se convirtió en el primer teorema demostrado por un ordenador sin pleno control humano (de hecho, algunos matemáticos no aceptan la demostración, pues sería materialmente inabarcable. Si se imprimiera, ocuparía cientos de miles de páginas, y ninguna persona podría leerla entera aunque dedicara a ello toda su vida).

El teorema de los cuatro colores surgió en 1852 como una conjetura formulada por Francis Guthrie, un estudiante del matemático británico Augustus De Morgan; sin embargo, ni alumno ni maestro pudieron demostrarla. Ni tan siquiera logró demostrarla el insigne matemático William Hamilton, a quien De Morgan escribió para exponerle el problema.

En 1879, Alfred Kempe publicó en la revista *Nature* una demostración de la conjetura; pero poco después Percy Heawood encontró un error en sus razonamientos. Heawood no pudo probar que la conjetura fuera falsa, y siguió trabajando en ella hasta demostrar que con cinco colores se podía colorear cualquier mapa. No obstante, parecía evidente que cuatro colores eran suficientes, por lo que el problema no estaba resuelto.

Habría que esperar casi un siglo para que por fin, en 1976, Kenneth Appel y Wolfgang Haken consiguieran demostrar la conjetura de los cuatro colores; pero su demostración, lograda con ayuda de un experto informático, requería la utilización masiva de la fuerza bruta de los ordenadores, lo cual dio lugar a un encendido —y muy interesante por sus implicaciones— debate entre los matemáticos. No por el hecho mismo de que fuera una demostración asistida por ordenador, sino porque era tan extensa y estaba tan llena de detalles que ningún ser humano podía verificarla. Por otra parte, la demostración de Appel y Haken no era nada «elegante», y algunos matemáticos creen, siguiendo a los pitagóricos, que las matemáticas tienen que ser simples y armoniosas. Como dijo alguien: «Una buena demostración matemática es como un poema, y esta es una guía telefónica».

Laberintos

Los primeros laberintos a los que se tuvieron que enfrentar los seres humanos fueron seguramente las cuevas que se ramificaban en numerosas galerías y los intrincados senderos de los bosques, cuyo conocimiento era fundamental para la supervivencia. No es extraño, por tanto, que el símbolo del laberinto ocupe un lugar destacado en muchas religiones y culturas primitivas, y que todavía siga fascinándonos.

Los textos antiguos hablan de cuatro grandes laberintos: el del lago Moeris en Egipto, el famoso laberinto de Creta (donde acechaba el terrible Minotauro), el griego de la isla de Lemnos y el etrusco de Clusis. Según algunos autores, la mayor hazaña arquitectónica de los antiguos egipcios no fueron las pirámides sino el imponente laberinto que construyeron cerca del lago Moeris, a ochenta kilómetros al sur de El Cairo. El nombre egipcio del monumento era el de *lapi ro hunt,* que significa 'templo a la entrada del lago' (de ahí viene el término griego *labyrinthos,* origen de la palabra «laberinto»), y su función era fundamentalmente religiosa.

Desde el punto de vista de las matemáticas, el laberinto es un objeto topológico, puesto que lo relevante no es su forma concreta o su tamaño sino la estructura de su red de caminos, y en este sentido los encontramos de dos tipos: simplemente conexos y múltiplemente conexos (figura 23); los primeros no contienen circuitos cerrados,

Figura 23. Laberintos simplemente conexos (izquierda) y múltiplemente conexos (derecha).

Leonhard Euler (1707-1783)

Nacido en Basilea, Euler es uno de los matemáticos más importantes y prolíficos de todos los tiempos, y se calcula que sus obras completas, de las que solo se ha estudiado a fondo una pequeña parte, podrían ocupar unos setenta volúmenes. Como dijo Laplace: «Hay que leer a Euler, es el maestro de todos nosotros».Realizó  importantes aportaciones a la geometría, el cálculo, la trigonometría, la teoría de números y otras ramas de las matemáticas, y se le considera el creador de la topología moderna. ∅

o, lo que es lo mismo, no tienen muros separados, y los segundos sí.

En la figura, el de la izquierda es un laberinto simplemente conexo, mientras que el de la derecha, que consta de tres circuitos concéntricos no conectados entre sí, es múltiplemente conexo.

Para salir de un laberinto simplemente conexo, incluso para recorrerlo entero, basta con seguir la sencilla «regla de la mano izquierda» (aunque da lo mismo que sea la derecha): recorrerlo sin separar nunca la mano del muro. Pero, obviamente, este método no sirve en un laberinto múltiplemente conexo como el de la derecha, pues quedaríamos atrapados en uno de los tres circuitos desconectados.

Hay distintos métodos para recorrer cualquier laberinto, como el propuesto por el matemático francés Gaston Tarry en el siglo XIX: se recorre cada pasillo dos veces, una en cada sentido, poniendo una marca a la entrada del pasillo y otra a la salida (con lo que al final cada pasillo estará marcado dos veces) y en cada cruce no se retoma el pasillo del que se ha salido salvo que no haya otra opción.

Las constantes de la naturaleza

La ley de la gravitación universal

En su revolucionario libro *Philosophiae naturalis principia mathematica*, publicado en 1687, Isaac Newton presenta por primera vez la que podría considerarse la fórmula fundamental de la naturaleza, pues expresa la fuerza con que se atraen dos cuerpos cualesquiera, que es proporcional a sus masas e inversamente proporcional al cuadrado de la distancia que los separa. Es decir, cuanto más masivos sean los cuerpos y más cercanos se encuentren, con mayor fuerza se atraerán. Expresado matemáticamente:

$$F = \frac{Gm_1 m_2}{d^2}$$

En la fracción de la derecha, m_1 y m_2 son las masas de los dos cuerpos, y d es la distancia que los separa. ¿Y G? G es la constante de proporcionalidad por la que hay que multiplicar el producto de las masas partido por el cuadrado de la distancia para obtener el valor de la fuerza.

Así, por ejemplo, tu peso es la fuerza con que la Tierra te atrae (o, para decirlo de forma más precisa, la fuerza con que la Tierra y tú os atraéis mutuamente), y para calcular esa fuerza (aunque es más fácil usar una báscula) hay que multiplicar tu masa por la masa de la Tierra, dividirla por el cuadrado de tu distancia al centro del planeta (que depende de dónde estés, pero muy aproximadamente es el radio terrestre) y el resultado hay que multiplicarlo por G, la constante de gravitación universal, ya que es la misma si hablamos del peso de una persona sobre la Tierra o de la fuerza con que se atraen dos astros.

Newton no pudo hallar el valor de esta constante, pues no tenía suficientes datos para hacerlo; pero dedujo que debería ser muy pequeño. Solo mucho tiempo después se desarrollaron las técnicas necesarias para calcular el valor de G, y todavía hoy es una de las constantes de la naturaleza conocidas con menor precisión. Su valor aproximado es:

$$G = 6{,}67384 \times 10^{-11} \; \text{N·m}^2/\text{kg}^2.$$

En la fórmula $F = Gm_1 m_2/d^2$, si las masas se expresan en kilogramos y la distancia en metros, al multiplicar por $6{,}67384 \times 10^{-11}$ se obtiene la fuerza en newtons. Un newton es la fuerza necesaria para imprimir a un cuerpo de un kilogramo de masa una aceleración de un metro por segundo cada segundo (es decir, una masa de un kilogramo sometida a la fuerza de un newton alcanzará, al cabo de un segundo,

Problema 11

Calcular la densidad de la Tierra

Sabiendo que la Tierra te atrae con una fuerza igual a 9,8*x* newtons, donde *x* es tu peso en kilos y que el diámetro terrestre mide 12 742 kilómetros, ¿cuál es la densidad de nuestro planeta?

una velocidad de un metro por segundo, al cabo de dos segundos su velocidad será de dos metros por segundo, etcétera, acelerando continuamente al mismo ritmo).

La gravedad terrestre

Si la *G* mayúscula designa la constante gravitatoria universal, la *g* minúscula es la letra utilizada habitualmente para referirse a la gravedad terrestre; pero *g* no representa la fuerza de gravedad, como muchos creen, sino la aceleración debida a ella. El valor de *g* es, por término medio, 9,81 m/s², lo que significa que la velocidad aumenta en 9,81 metros por segundo cada segundo; es decir, si se deja caer un cuerpo sin imprimirle ninguna velocidad inicial, al cabo de un segundo su velocidad será 9,81 m/s, al cabo de dos segundos 19,62 m/s, y así sucesivamente.

El valor *g* = 9,81 m/s² no es una constante absoluta y universal, como *G*, sino relativa y local; es el valor medio de la aceleración de la gravedad en la superficie terrestre, y varía leve pero perceptiblemente con la altura y con la latitud, ya que la fuerza con que la Tierra atrae a un objeto depende de la distancia de este al centro del planeta. Además, la fuerza centrífuga debida a la rotación de la Tierra contrarresta ligeramente la atracción gravitatoria, y este efecto, nulo en los polos, se acrecienta a medida que nos acercamos al ecuador. Como, por otra parte, el globo terráqueo no es una esfera perfecta, sino que está algo achatado por los polos, en el ecuador el radio terrestre es algo mayor, y los dos efectos combinados hacen que la diferencia entre el valor de g en el ecuador (9,78) y en los polos (9,83) no sea irrelevante.

La velocidad de la luz

La velocidad de la luz en el vacío es de 299 792 458 m/s, y es otra constante universal, que se suele representar con la letra c (inicial de *celeritas*, 'velocidad' en latín). La velocidad de la luz es constante con independencia del marco de referencia del observador y del movimiento del foco que la emite, y además es el límite insuperable de la velocidad en nuestro universo: nada puede viajar más rápido. La teoría de la relatividad especial, formulada por Einstein en 1905 (y que ya no es una teoría sino una descripción de la realidad sobradamente comprobada), se articula alrededor de este hecho contrario a la intuición, e implica que el espacio y el tiempo no son absolutos ni independientes.

La constancia de *c* nos permite dar una definición del metro más precisa que la originaria. Ya no decimos que el metro es la diezmillonésima parte de un cuadrante de un meridiano terrestre, sino que es la distancia que recorre la luz en el vacío en 1/299 792 458 segundos.

Esta velocidad sirve también de base para la unidad astronómica más utilizada, el año luz, que es la distancia que recorre la luz en un año, y equivale a $9,46 \times 10^{15}$ metros (unos 9,5 billones de kilómetros).

La constante de Planck

Max Planck, uno de los padres de la mecánica cuántica, descubrió que, al igual que la materia está formada por átomos, la energía no varía de forma continua sino discreta, por «paquetes» indivisibles o «cuantos de acción» (de ahí el nombre de «mecánica cuántica»), como los denominó el físico alemán. La constante de Planck se representa con la letra *h*, y expresa la proporción entre la energía de un fotón y la frecuencia de su onda asociada (pues según la mecánica cuántica el fotón se comporta a la vez como partícula y como onda):

$$E = hf.$$

De ello se desprende que la energía no puede tomar cualquier valor, sino que siempre ha de ser múltiplo de h. En el Sistema Internacional de Unidades, el valor de h es extremadamente pequeño: $6,63 \times 10^{-34}$, ya que la energía de un fotón individual es insignificante si la expresamos en nuestras unidades de medida macroscópicas. Por ejemplo, para calcular la energía de un fotón de luz roja hay que multiplicar h por 4×10^{14}, que es la frecuencia de la luz roja, es decir, el número de veces por segundo que oscila la onda electromagnética que el ojo humano percibe como color rojo.

La constancia de las constantes

Hay otras constantes universales, como la carga eléctrica elemental, la constante de estructura fina, la impedancia característica, la permeabilidad magnética o la permitividad en el vacío, aunque en general tienen que ver con cuestiones demasiado técnicas para abordarlas aquí. Sin embargo ¿son todas ellas realmente constantes?

Algunos prestigiosos científicos, como Paul Dirac, han especulado sobre la posibilidad de que el valor de algunas constantes de la naturaleza pudiera decrecer a medida que nuestro universo envejece. Hasta ahora esta hipótesis no ha podido comprobarse experimentalmente, pero, en cualquier caso, se ha calculado el valor máximo que podrían alcanzar estas variaciones, y es muy pequeño.

De momento, podemos estar tranquilos: los «números de oro» de la naturaleza, que permiten que el universo albergue una forma de vida como la nuestra, no parece que vayan a cambiar significativamente. Sin embargo, afirmar de forma tajante que las leyes de la naturaleza son constantes y universales podría ser excesivo.

A nivel local, es decir, en la porción de espacio y tiempo accesible a nuestras observaciones, parece ser que sí, que las constantes y las leyes de la naturaleza son siempre las mismas. Y no solo las leyes muestran una gran homogeneidad, también la composición del universo. Los cosmólogos solían decir que el universo es como un bizcocho en el que el hidrógeno es la harina, el helio es el azúcar y los demás elementos son las pasas. Con la aparición (es un decir) de la materia oscura y la energía oscura, el bizcocho cósmico se ha vuelto bastante más complicado y misterioso, pero no hay motivos para dudar de su homogeneidad.

Sin embargo, incluso en el universo observable hay «objetos» o «lugares» (si es que pueden llamarse así, de ahí las comillas) donde las leyes de la naturaleza tal como las conocemos dejan de tener sentido; son las «singularidades», que no en vano se denominan así. En el interior de un agujero negro, según las ecuaciones de la relatividad general, toda la materia puede llegar a concentrarse en un punto inextenso, esto es, con una densidad infinita, y el tiempo se ralentizaría hasta detenerse, volviéndose, en ocasiones, «imaginario» (lo que tal vez deba entenderse como que fluye en otra dimensión). Y en una singularidad desnuda —un punto de densidad infinita que, al contrario de lo que ocurre con los agujeros negros, es visible desde el espacio circundante— podrían suceder cosas todavía más extrañas. De hecho, algunos físicos han llegado a conjeturar que en ellas podría pasar cualquier cosa, como si en ese punto el universo se hubiera vuelto loco. Es probable que hasta que no logremos una unificación operativa de la mecánica cuántica y la gravitación relativista, no podamos aclarar ciertas paradojas.

Por otra parte, no sabemos si el universo conocido es todo lo existente. Podría haber universos paralelos con leyes muy distintas de las que gobiernan el nuestro o zonas de nuestro propio universo, más allá de lo observable u observado, donde cambiaran las reglas del juego.

Si las leyes de la naturaleza son fijas e inmutables y el universo observable es todo lo que existe, el hecho de que las constantes cosmológicas sean exactamente las necesarias para hacer posible la vida se podría ver como una extraordinaria coincidencia, tal como plantea el denominado «principio antrópico». Pero si hay (o ha habido) muchos universos y cada uno se rige por leyes diferentes, que en uno de ellos puedan surgir formas de vida como la nuestra deja de ser algo excesivamente improbable. Y si hubiera (o hubiese habido) infinitos universos con distintas leyes, la vida —cualquier forma de vida concebible o inconcebible— existiría o habría existido con certeza estadística.

Isaac Newton (1642-1727)

Nacido en Inglaterra el mismo año en que murió Galileo, Newton fue el principal continuador de su obra y uno de los más grandes científicos de todos los tiempos. Se considera que el momento culminante de la denominada Revolución Científica fue su descubrimiento de la ley de la gravitación universal, pues con una simple fórmula explicó los fenómenos físicos más importantes del universo observable. Sus investigaciones en el campo de la óptica lo llevaron a inventar el telescopio reflector, que supuso un decisivo avance sobre el telescopio refractor de Galileo. Sus contribuciones a las matemáticas no resultaron menores, pues fue, junto con Leibniz, el creador del cálculo diferencial e integral moderno, desarrollando las ideas que Arquímedes había esbozado dos mil años antes. Ø

En los últimos años han proliferado diversas teorías sobre la posible existencia de universos múltiples. La más conocida es la descrita por Stephen Hawking en su libro *Breve historia del tiempo* (que tiene varios precedentes); en ella Hawking plantea la posibilidad de que, tras alcanzar un grado máximo de expansión, el universo se contraiga hasta colapsar en un *big crunch*, una singularidad de densidad infinita que, a su vez, daría origen a un nuevo *big bang*. Estaríamos, pues, ante un universo cíclico y pulsante, en el que se alternarían las expansiones y las contracciones, las grandes explosiones y las grandes implosiones.

Sin embargo, el matemático y físico Roger Penrose, colaborador habitual de Hawking, propuso recientemente otra teoría cíclica radicalmente distinta de la de su colega y amigo. Según la cosmología cíclica conforme (CCC) de Penrose, el universo se expandiría indefinidamente hasta alcanzar una densidad infinitesimal (todo lo contrario de la densidad infinita del *big crunch*) y una entropía despreciable; se evaporarían los agujeros negros, la materia como tal desaparecería (solo quedarían fotones y gravitones) y el tiempo se detendría. Mediante una espectacular acrobacia matemática, Penrose iguala esa infinitud prácticamente vacía a un punto inextenso, que daría origen a un nuevo *big bang*.

Las matemáticas del universo

Números realmente astronómicos

Como habíamos visto, hablamos de los números astronómicos en sentido figurado o comparativo; pero no en vano se llaman así, pues es en el campo de la astronomía donde los números inconcebiblemente grandes aparecen en todo su esplendor.

En nuestro pequeño mundo, el de nuestra experiencia cotidiana, nos suele bastar con los números pequeños; tanto es así, que los antiguos griegos, a pesar de su afición a las matemáticas, ni siquiera le habían puesto nombre a los números mayores de 10 000 (la miríada). Tampoco para medir las distancias o los tamaños necesitamos unidades ni números muy grandes. A la ya conocida frase de Protágoras sobre que el hombre es la medida de todas las cosas, alguien apostilló que es la medida de todas las cosas pequeñas. Pero en cuanto nos alejamos un poco de nuestro hábitat local y consideramos globalmente nuestro planeta, los números empiezan a crecer de forma vertiginosa.

La Tierra es, más o menos, una esfera de unos 40 000 kilómetros de circunferencia (precisamente se definió el metro como la diezmillonésima parte de un cuadrante de meridiano), por lo que su radio mide unos 6371 kilómetros. La superficie de una esfera es cuatro veces la de uno de sus círculos máximos y, por tanto, viene dada por la fórmula $S = 4\pi r^2$; así pues, la superficie terrestre es de unos 510 000 000 kilómetros cuadrados. El volumen de una esfera es $V = 4\pi r^3/3$, por lo que el volumen de la Tierra es de unos 1,08 billones de kilómetros cúbicos. Teniendo en cuenta que un kilómetro cúbico equivale a mil millones de metros cúbicos, si expresamos el volumen de la Tierra en unidades próximas a la escala humana, los números empiezan a dispararse. Y no es más que el principio, porque, con sus 5,97 cuatrillones de kilos de masa, la Tierra es como una diminuta canica en términos astronómicos.

Los números del Sol y las estrellas

El diámetro del Sol es de 1 392 000 kilómetros, por lo que es unas 109 veces mayor que el terrestre; su superficie supera los 6 billones de kilómetros cuadrados, su volumen es de aproximadamente 1,4 trillones de kilómetros cúbicos, y su masa, casi 2 quintillones de kilos ($1,989 \times 10^{30}$ kg).

Aun así, en comparación con las estrellas más grandes, el Sol es enano. La brillante Aldebarán, en la constelación de Tauro, tiene un volumen unas 70 000 veces mayor que el del Sol; Canopus es unas 350 000 veces más grande, y Rigel, en la constelación de Orión, tiene un radio 74 veces mayor que el de nuestra estrella, lo cual significa que, en cuanto a volumen, es medio millón de veces más grande.

No obstante, Aldebarán, Canopus y Rigel parecen a su vez enanas ante una hipergigante roja como Westerlund 1-26, cuyo radio es unas 2500 veces mayor que el del Sol.

Y los tamaños de las estrellas no son nada comparados con las distancias que las separan.

La estrella más cercana a nuestro sistema solar, Alfa Centauri, está a más de cuatro años luz. En realidad, la más brillante de la constelación de Centauro no es una estrella individual, como se creyó durante milenios; a mediados del siglo XVIII se descubrió que es un sistema estelar binario, con una tercera estrella, Próxima Centauri, vinculada a las otras dos. El sistema está a unos 4,37 años luz (41,3 billones de kilómetros) de distancia, y contiene por lo menos un planeta del tamaño terrestre que orbita alrededor de Alfa Centauri B, que es, por tanto, el exoplaneta conocido más cercano a la Tierra. Si pudiéramos visitar a nuestro vecino viajando a 60 000 kilómetros por hora, como las sondas Voyager, «solo» tardaríamos en llegar unos 80 000 años.

Las distancias astronómicas son tan monstruosamente grandes que hasta el año luz se queda pequeño como unidad para expresarlas, por lo que se han introducido otras mayores, como el parsec y sus múltiplos. El parsec (contracción de «paralaje» y «segundo» en inglés) es la distancia a la que tendría que estar una estrella para que tuviera una paralaje de un segundo de arco. Esta unidad de distancia equivale a 30,86 billones de kilómetros, o 3,26 años luz, o 206 265 unidades astronómicas (una unidad astronómica es la distancia media de la Tierra al Sol: 149 597 870 700 metros). Múltiplos del parsec son el kiloparsec (mil parsec) y el megaparsec (un millón de parsec).

La paralaje de una estrella es su desplazamiento aparente sobre el fondo de otras estrellas más lejanas a medida que la Tierra recorre su órbita alrededor del Sol, lo que permite medir por triangulación algunas distancias estelares.

Observando la posición de una estrella relativamente próxima en dos momentos del año, a seis meses de distancia el uno del otro (es decir, cuando la Tierra se encuentra en dos puntos opuestos de su órbita), podemos calcular su distancia a partir del diámetro de la órbita terrestre y del ángulo determinado por el desplazamiento aparente, ya que conocemos la base y el ángulo opuesto del triángulo formado por la estrella y las dos posiciones de la Tierra (figura 24).

El método de la paralaje solo es aplicable a estrellas relativamente próximas, hasta algunos centenares de años luz. Para estrellas más lejanas, los ángulos se van haciendo cada vez más pequeños e imperceptibles, por lo que hay que recurrir a otros métodos, como el del desplazamiento hacia el rojo de la luz de la estrella, para calcular su distancia.

Con el método de la paralaje, Tycho Brahe descubrió en 1578 que los cometas no son fenómenos atmosféricos,

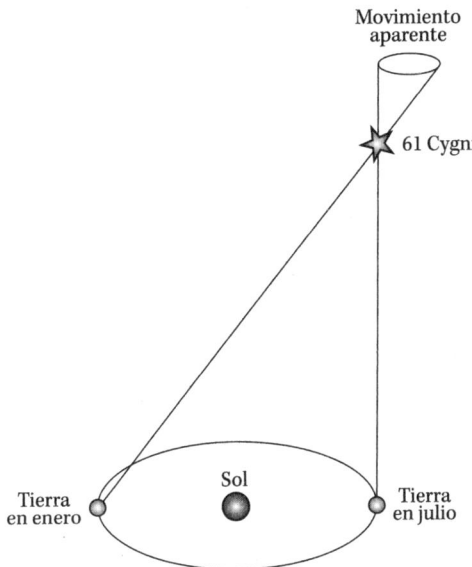

Movimiento
aparente

Figura 24. La paralaje
de una estrella.

61 Cygni

Sol

Tierra
en enero

Tierra
en julio

como se creía entonces, sino objetos celestes lejanos. En cuanto a la primera medida de una distancia estelar, fue realizada en 1838 por Friedrich Bessel, quien calculó, con notable precisión, que la estrella 61 Cygni estaba a unos 11 años luz del sistema solar.

El tamaño y la forma del universo

No conocemos el tamaño y la forma exactos del universo, y ni siquiera sabemos con certeza si es finito o infinito; lo único que sabemos es el tamaño del universo observable.

El límite del universo visible desde la Tierra está a 46 500 millones de años luz en todas las direcciones; o sea, que su diámetro es de 93 000 millones de años luz.

Esto parece violar el límite de la velocidad de la luz establecido por la relatividad, pues si el universo solo existe desde hace unos 13 800 millones de años, como han confirmado las más recientes observaciones astronómicas, los objetos más distantes tendrían que haberse alejado de nosotros a una velocidad tres veces mayor que la de la luz. Pero la contradicción desaparece al tener en cuenta que la inflación cósmica (la expansión ultrarrápida del universo en sus instantes iniciales) está en el origen del propio espacio, del tiempo y de las leyes de la naturaleza, incluida la del límite de la velocidad de la luz.

En cuanto a la forma del universo, antes de 1905, cuando Einstein formuló su teoría de la relatividad especial, la pregunta carecía de sentido: el espacio se extendía indefinidamente en todas direcciones, y una hipotética astronave que se alejara de la Tierra en línea recta seguiría alejándose sin fin. Pero Einstein demostró que el espacio y el tiempo no son absolutos ni independientes, sino que forman un todo inseparable, el continuo espaciotemporal.

Según la teoría de la relatividad, el tiempo no puede estar separado de las tres dimensiones espaciales, y, al igual que estas, depende del movimiento del observador. Dos observadores medirán tiempos diferentes para un mismo suceso en función de la velocidad relativa entre ellos.

Tabla 2.	
Objeto	**Diámetro**
Tierra	12 760 km
Sol	1 400 000 km
Sistema solar	1 mes luz
Vía Láctea	100 000 años luz
Grupo Local de galaxias	10 millones de años luz
Supercúmulo de Virgo	100 millones de años luz
Universo visible	93 000 millones de años luz

Además, según la relatividad general (una ampliación de la relatividad especial), la intensidad de los campos gravitatorios también modifica el espacio-tiempo para los distintos observadores. En el modelo matemático resultante se considera el tiempo como una dimensión geométrica más, aunque hay un amplio debate científico-filosófico sobre el significado real de esta identificación (e incluso sobre si tiene sentido hablar de un significado «real»).

De acuerdo con la relatividad general, la gravedad es un efecto de la curvatura del espacio-tiempo (un modelo utilizado a menudo es el del universo como una membrana elástica sobre la que se apoyan los astros, que lo deforman proporcionalmente a su masa y crean «pozos» gravitatorios) (figura 25). Einstein pensó que el universo se cerraba sobre sí mismo como una hiperesfera tetradimensional (algo inconcebible para la imaginación, pero expresable matemáticamente); sin embargo, hay otras posibilidades. Considerado en su conjunto, podría ser «plano», o sea, aproximadamente euclídeo, o hiperbólico,

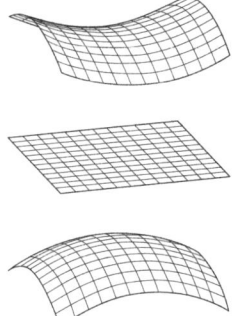

como una silla de montar en cuatro dimensiones. Y de ser finito y cerrarse sobre sí mismo, es más probable que se pareciese a un toro (es decir, una rosquilla en términos geométricos) que a una esfera.

Figura 25. Curvatura
del espacio-tiempo.

Las matemáticas de la vida

Macrocosmos y microcosmos

La relatividad explica satisfactoriamente el funcionamiento del universo a gran escala, y la mecánica cuántica refleja con extraordinaria precisión lo que ocurre en el mundo subatómico. Sin embargo, todavía no disponemos de una teoría unificada que concilie ambos modelos, pese a que llevamos varias décadas intentándolo.

Décadas o siglos, según se mire, si consideramos que ya los antiguos griegos pensaron que tanto la proporción áurea como otras relaciones numéricas que parecían repetirse a distintos niveles expresaban la profunda unidad y armonía de todo lo existente.

A pesar de que algunos filósofos griegos (como Demócrito y Epicuro con sus respectivas teorías atómicas) especularon sobre la naturaleza y las características de lo muy pequeño, el mundo microscópico estaba tan fuera del alcance de sus sentidos y de sus posibilidades de observación como los astros del firmamento: en cierto modo, las células y los microbios (por no hablar de los átomos y las moléculas) eran más inalcanzables que los planetas y las estrellas.

El ojo humano es incapaz de resolver, a simple vista, objetos menores de una décima de milímetro. En condiciones adecuadas, podemos ver incluso una ameba, un óvulo humano o un ácaro, pero no algo que sea más pequeño que estos gigantes del mundo microscópico.

Hasta finales del siglo XVI, la estructura de la materia, y muy concretamente de la materia viva, fue un misterio insondable. Solo con la invención del microscopio se pudo cruzar la frontera y empezar a explorar el espacio interior, del mismo modo que la invención del telescopio, casi simultánea, permitió explorar el espacio exterior.

En 1665, Robert Hooke observó con un microscopio una fina lámina de corcho y vio que estaba compuesto de diminutas cavidades a modo de celdillas, a las que

El sistema métrico y los niveles de la naturaleza

Año luz = $9,46 \times 10^{15}$ m (¼ distancia a la estrella más próxima)

Unidad Astronómica = 150 000 000 000 m (distancia Tierra-Sol)

Miriámetro = 10 000 m (altura de las montañas más altas)

Kilómetro = 1000 m (altura de montañas menores)

Hectómetro = 100 m (altura de una secuoya gigante)

Decámetro = 10 m (longitud de la serpiente más grande)

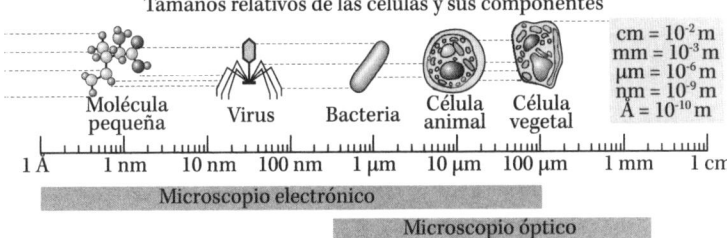

Tamaños relativos de las células y sus componentes

$cm = 10^{-2}\,m$
$mm = 10^{-3}\,m$
$\mu m = 10^{-6}\,m$
$nm = 10^{-9}\,m$
$Å = 10^{-10}\,m$

Molécula pequeña — Virus — Bacteria — Célula animal — Célula vegetal

$1\,Å$ — $1\,nm$ — $10\,nm$ — $100\,nm$ — $1\,\mu m$ — $10\,\mu m$ — $100\,\mu m$ — $1\,mm$ — $1\,cm$

Microscopio electrónico

Microscopio óptico

llamó «células». Fue la primera observación de células muertas. Unos años después, el biólogo italiano Marcello Malpighi descubrió la misma estructura en los tejidos vivos. Y por la misma época, el holandés Anton van Leeuwenhoek, utilizando primorosos microscopios de fabricación propia que alcanzaban los 275 aumentos, observó por primera vez protozoos, bacterias, espermatozoides y glóbulos rojos.

Metro (estatura de un niño de cuatro años)

Decímetro = 0,1 m (longitud de la serpiente más pequeña)

Centímetro = 0,01 m (longitud del vertebrado más pequeño)

Milímetro = 0,001 m (diámetro de un huevo de rana)

Micra = 0,000001 m (tamaño de una bacteria)

Nanómetro = 0,000000001 m (tamaño de una molécula)

Ángstrom = 0,0000000001 m (tamaño de un átomo)

Picómetro = 0,000000000001 m (1/100 diámetro atómico).

Sin embargo, con un microscopio óptico no se pueden ver objetos mucho menores de una micra (milésima de milímetro), lo que permite observar las bacterias pero no los virus, que son objetos del orden de los nanómetros (un nanómetro es la milésima parte de una micra, o sea, la millonésima parte de un milímetro).

Para poder adentrarnos en el segundo nivel de lo muy pequeño, hubo que esperar a que, en la década de 1930, se pusiera a punto el microscopio electrónico, un dispositivo que hace incidir un haz de electrones sobre la muestra objeto de análisis y produce una imagen en una pantalla especial. Con el microscopio electrónico se pueden conseguir hasta 2 millones de aumentos, mil veces más que con los microscopios ópticos, debido a que la longitud de onda de los electrones es mucho menor que la de la luz visible, y el poder de resolución de un microscopio es inversamente proporcional a la longitud de onda de la luz empleada (debido a su naturaleza ondulatoria, un haz de electrones se comporta como un rayo de luz invisible para el ojo humano, pero capaz de formar imágenes en una pantalla especial).

Los números astronómicos del microcosmos

Ya hemos visto que los organismos pluricelulares crecen y se desarrollan —y, a menudo, también se reproducen— al vertiginoso ritmo de las progresiones geométricas (sobre todo de las de razón 2).

En el cuerpo humano hay unos 40 billones de células, y en el cerebro hay unos 100 000 millones de neuronas, un número del mismo orden que el de estrellas en la galaxia. Cada neurona, a su vez, se conecta con al menos otras mil, lo que implica unos 100 billones de conexiones en el cerebro adulto (en el cerebro infantil pueden llegar a los 1000 billones, pero van disminuyendo con el paso del tiempo hasta estabilizarse en la madurez).

Y estos números astronómicos se vuelven insignificantes si los comparamos con los del siguiente nivel de la escala microcósmica, el de los átomos. Una persona de 70 kilos contiene del orden de 10^{28} átomos, o sea, unos 10 000 cuatrillones.

Problema 12

Conectividad media

Si en el cerebro hay unos 100 000 millones de neuronas y unos 100 billones de conexiones, ¿con cuántas otras neuronas se conecta, por término medio, cada una de ellas?

Genética y combinatoria

Una de las grandes ventajas de la reproducción sexual es que, al combinarse los genes de ambos progenitores, los descendientes no son idénticos a ellos, lo que da lugar a una diversidad que aumenta las probabilidades de adaptación al medio. Como es bien sabido, algunos rasgos genéticos son dominantes y otros son recesivos, lo que significa que estos últimos solo se manifestarán si el individuo recibe el gen correspondiente de ambos progenitores, mientras que para que un gen dominante se manifieste basta con que lo transmita uno de los dos. Por ejemplo, el gen del albinismo es recesivo, y para que una persona sea albina tiene que haber recibido el gen tanto de su padre como de su madre; lo cual no significa que ambos sean albinos, ni siquiera que lo sea uno de los dos, pero sí que ambos tienen que ser portadores del gen y transmitírselo al hijo.

Por eso la genética tiene mucho que ver con la combinatoria (o análisis combinatorio), que es la rama de las matemáticas que estudia, entre otras cosas, los métodos adecuados para enumerar las distintas configuraciones de los elementos de un conjunto que cumplan determinados requisitos. Y, a su vez, la combinatoria tiene mucho que ver con el cálculo de probabilidades, ya que nos permite enumerar, en muchas ocasiones, los casos favorables y los casos posibles.

Veamos un ejemplo sencillo: si tiramos una moneda al aire dos veces seguidas, la probabilidad de que las dos veces salga cara es de una entre cuatro, o sea, $\frac{1}{4}$, porque un elemental ejercicio de combinatoria nos dice que hay cuatro casos posibles (cara-cara, cara-cruz, cruz-cara y cruz-cruz), de los cuales solo uno es favorable. En muchas combinaciones genéticas, como cuando un progenitor tiene un gen recesivo, la probabilidad de transmisión es del 50 %, como si se lanzara una moneda al aire. Un hombre y una mujer con los ojos castaños (gen dominante) pueden ser portadores ambos del gen de los ojos azules (recesivo), y en este caso hay una probabilidad de $\frac{1}{4}$ de que su hijo tenga los ojos azules, pues para que el gen recesivo se manifieste tienen que transmitírselo ambos progenitores.

Problema 13

El gen del albinismo

Sabiendo que 1 de cada 10 000 personas es albina, ¿qué porcentaje de la población es portadora del gen del albinismo?

Naturaleza fractal

La geometría de la naturaleza

¿Cuánto mide la costa de Gran Bretaña? Parece una pregunta sencilla, pero en puridad no tiene respuesta. O tiene muchas, por no decir infinitas, que viene a ser lo mismo. Porque, cuanto más pequeña sea nuestra «vara de medir» y más nos fijemos en los detalles de la costa, más larga será. Según el Ordnance Survey, el Instituto Geográfico británico, la longitud total de las costas de Gran Bretaña es de 17 819,88 kilómetros; sin embargo, si se mide con mayor grado de detalle, la cifra resultante podría ser el doble o incluso mucho más: si medimos cada recoveco, la costa podría llegar a medir cien veces más... Entonces, ¿cuánto mide realmente una costa?

El matemático polaco Benoît Mandelbrot se hizo esta pregunta en un artículo publicado por primera vez en la revista *Science* en 1967, en el que decía:

> Depende de lo que desechamos en la medición, porque al ir midiendo cada vez con más precisión debemos

añadir el contorno de bahías, rocas, granos de arena, y así hasta niveles subatómicos. Y esto nos va a ocurrir en cualquier medición.

Dado que la naturaleza no es lisa, sino rugosa, tanto en sus líneas como en sus superficies y volúmenes, Mandelbrot se propuso abandonar las abstracciones de la geometría euclídea y afrontar la complejidad de las formas naturales con herramientas *ad hoc*, lo que le llevó a desarrollar un nuevo tipo de geometría.

Como base de esa «geometría de la naturaleza», como él mismo la definió, Mandelbrot desarrolló la noción de «fractal» (a partir del concepto de proceso iterativo introducido por Leibniz y Newton en el siglo XVII). Un fractal es un objeto matemático que se puede observar a cualquier escala (es, en este sentido, un objeto «inagotable») y que siempre permanece semejante a sí mismo. El aspecto más inquietante de un objeto fractal ideal, cuya estructura autosemejante se repite de manera indefinida a una escala cada vez menor, es que su dimensión no es entera. Una recta es unidimensional, un polígono tiene dos dimensiones y una esfera tiene tres; pero un fractal puede tener, pongamos por caso, una dimensión 1,25 (algo inconcebible para la imaginación pero expresable matemáticamente).

Es relativamente sencillo construir un fractal a partir de cualquier figura geométrica. Tomemos, por ejemplo, un triángulo equilátero y, en medio de cada uno de sus lados, apoyemos otro triángulo equilátero cuyo lado sea un tercio del primero, con lo que obtendremos una estrella de seis puntas. Repitamos la operación en cada uno de los doce lados de la estrella, y luego en cada uno de los lados de la figura resultante, y así sucesiva e indefinidamente (figura 26).

Otra opción más es que dividamos un triángulo equilátero negro en cuatro triángulos equiláteros iguales, blanqueemos el del centro y repitamos la operación con los tres triángulos negros restantes, etcétera.

Como es natural (nunca mejor dicho), en la naturaleza las iteraciones autosemejantes no son matemáticamente perfectas ni pueden repetirse de forma indefinida, pero la geometría fractal es más adecuada que la euclídea (que tampoco se manifiesta nunca en la naturaleza

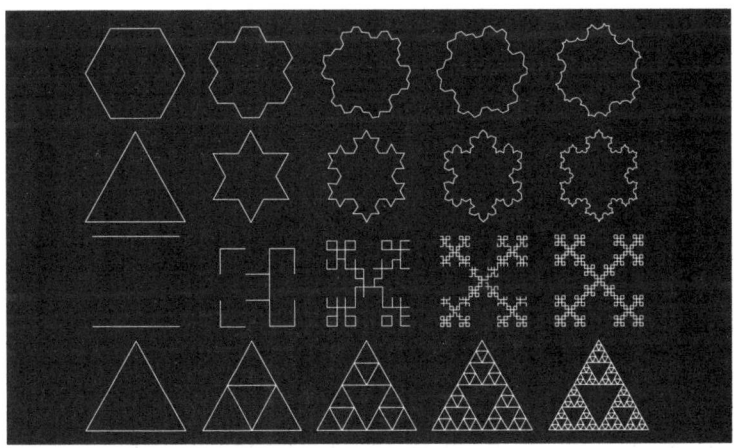

Figura 26. Fractales a partir de figuras geométricas.

El helecho y la araucaria son dos buenas muestras de geometría fractal en la naturaleza.

de forma exacta) para describir numerosos fenómenos y objetos reales.

Ya Leonardo da Vinci observó que un árbol estaba compuesto por «árboles menores» que repetían el mismo esquema a distintas escalas. Si observamos con una lupa una pluma de ave, veremos que las barbas son, a su vez, plumas diminutas. Las hojas de los helechos son pequeños helechos. Un copo de nieve repite en cada una de sus seis puntas su estructura hexagonal. Un río tiene un cortejo de afluentes que a su vez se nutren de corrientes menores. Un rayo se ramifica en subrayos proliferantes. Y volviendo al ejemplo del principio, una costa es semejante a sí misma a todas las escalas: si la observamos desde un avión, veremos una línea sinuosa muy característica; si luego paseamos por la orilla, veremos el mismo tipo de línea a nuestros pies, y si observamos desde muy cerca la línea divisoria entre el agua y la arena, comprobaremos que es semejante a la que veíamos desde el avión.

Sujeto fractal

El cuerpo humano también es, en más de un aspecto, un objeto fractal. Nuestro sistema circulatorio está constituido por un gran número de ramificaciones tubulares, que van del tamaño de las arterias y venas principales a los capilares que oxigenan y arrastran los residuos a nivel celular, con una treintena de niveles de ramificación. Es un complejísimo (pero a la vez muy simple en su concepción general) sistema de cañerías que la luz tardaría un segundo en recorrer entero, pues la longitud total de nuestros vasos sanguíneos es de unos 300 000 kilómetros. Esa larguísima red arborescente solo ocupa un 3 % del volumen de nuestro cuerpo. Y algo muy similar ocurre con el sistema nervioso, los conductos biliares o el sistema linfático.

En el intestino delgado, los repliegues a distintas escalas amplían extraordinariamente la superficie de absorción, lo cual es imprescindible para la adecuada asimilación de los nutrientes. La absorción intestinal depende en gran medida del contacto del quilo (el producto de la digestión) con las paredes del intestino, por lo que cuanto más largo sea este y más extensa sea su superficie, más completa y eficaz será la asimilación de los nutrientes. Por eso una de las características morfológicas más importantes del intestino delgado es la presencia de varios niveles de pliegues y protuberancias, pliegues circulares, vellosidades intestinales, microvellosidades en las células epiteliales... Esta estructura fractal del intestino delgado hace que, con una longitud de tan solo unos 6 metros, tenga una superficie de absorción de unos 300 metros cuadrados.

Y aproximadamente la misma superficie de absorción hay en el interior de nuestros pulmones. El aparato respiratorio humano se ramifica de forma binaria: la tráquea se divide en dos tubos simétricos, los bronquios, que a su vez se dividen cada uno en dos bronquiolos, y así sucesivamente hasta llegar al nivel de los alveolos pulmonares, que son los que entran en contacto directo con el aire que respiramos y absorben el oxígeno, y cuya superficie total es similar a la de un campo de tenis.

Pero el ser humano no solo es un objeto fractal, sino que, en la medida en que interactúa con sus semejantes y se organiza socialmente, también es un «sujeto fractal». Hay formas de relación e intercambio y estructuras de poder que se repiten a distintas escalas, desde las organizaciones sociales más simples y reducidas hasta las más amplias y complejas: familia nuclear, familia extensa, clan, tribu, poblado, ciudad, país... Y la propia vida personal, el flujo de nuestro tiempo existencial, tiene aspectos fractales. Como dice un poema titulado precisamente «Sujeto fractal»:

> Momentos semejantes a los días
> y días semejantes a la vida
> cuando en cada deseo
> renaces, luchas, mueres...

El infinito y más allá

¿Hay algo infinito?

En un primer momento, la intuición nos dice que el espacio no puede tener fin. Imaginemos que subimos a una astronave imaginaria y nos alejamos de la Tierra en línea recta, ¿es concebible que de pronto algo nos impida seguir avanzando? Supongamos que ese algo es una enorme barrera infranqueable; de acuerdo, no podemos seguir, pero ¿qué hay al otro lado de la barrera?

También cuando nos movemos sobre la superficie de la Tierra tenemos la sensación de que podemos seguir avanzando indefinidamente en línea recta, y que si no conseguimos hacerlo no será por falta de espacio practicable, sino porque algún obstáculo nos lo impida. Y así es en realidad: podríamos avanzar indefinidamente sin cambiar de dirección y sin que nunca nos faltara la tierra (o el agua) bajo los pies. Solo que esa dirección invariable, como sabemos, aunque a nuestra diminuta escala humana nos pareciera una línea recta, no lo sería:

describiríamos una circunferencia y, cuando la completáramos, volveríamos al punto de partida.

¿Ocurre algo similar con el universo? Si en nuestra astronave imaginaria avanzáramos en línea recta (o creyendo que vamos en línea recta) durante el tiempo suficiente, ¿volveríamos al punto de partida? Es una posibilidad que no se ha descartado: nuestro universo tridimensional podría curvarse según una inconcebible cuarta dimensión y cerrarse sobre sí mismo, de igual modo que la superficie bidimensional de una esfera se cierra sobre sí misma en el espacio tridimensional, y aunque es finita, es ilimitada, pues no tiene bordes ni barreras que representen un comienzo o un final.

Pero el universo también podría ser infinito. O ser tan solo uno de entre muchos universos, tal vez infinitos. En cualquier caso, el universo observable es finito, como hemos visto, y tiene un diámetro de 93 000 millones de años luz; lo que pueda haber más allá no está al alcance de nuestras observaciones, y puede que nunca lo esté.

Y en el microcosmos, ¿cabe hablar de infinitud? ¿Existe lo infinitamente pequeño? Por lo que sabemos hasta ahora, no. Las partículas de materia tienen un límite inferior, que ya no es el átomo (a pesar de que su nombre significa «indivisible»), sino las partículas subatómicas, como los electrones y los quarks; asimismo, los «paquetes» de energía tampoco pueden superar un límite inferior, que es el de los cuantos de Planck, que dan nombre a la mecánica cuántica. Y se piensa que el propio espacio-tiempo tiene una estructura «granulosa» que hace que no tenga sentido (un sentido físico real) hablar de tamaños o lapsos de tiempo inferiores a las cotas mínimas establecidas por la relatividad y la mecánica cuántica.

Entonces, ¿dónde queda relegado el infinito?

Además de la inabarcable inmensidad del espacio (al que a menudo aplicamos el adjetivo «infinito», lo sea o no), nuestra idea de la infinitud tiene que ver, sobre todo, con los números. La serie de los números naturales (1, 2, 3, 4...) no tiene fin, siempre podremos añadir un número más a la lista por larga que esta sea. Y a partir de este infinito «evidente» (una palabra que en matemáticas, y en la ciencia en general, conviene siempre poner entre comillas) se establecen las nociones de conjunto finito y conjunto infinito. Decimos que un conjunto es finito si existe un número natural n tal que el conjunto tiene exactamente n elementos, lo cual significa que los elementos del conjunto pueden ponerse en correspondencia biunívoca (de uno a uno) con los números del 1 al n. Si no existe tal número natural n, el conjunto es infinito. Poner los elementos de un conjunto en correspondencia biunívoca con los números naturales del 1 al n equivale a numerar los elementos que contiene (o lo que es lo mismo, a contarlos), y el concepto de numerabilidad desempeñaría un papel importante en el desarrollo de las matemáticas del infinito, como veremos más adelante.

Los conjuntos infinitos tienen propiedades curiosas e incluso paradójicas. Galileo observó que, si bien el conjunto de los números pares (*P*) parece que es la mitad del conjunto de todos los números naturales (*N*), puesto que solo uno de cada dos números es par, en realidad no podemos decir que *P* sea mayor que *N*, puesto que podemos poner los elementos de ambos conjuntos en correspondencia biunívoca: 1-2, 2-4, 3-6, 4-8...

El hotel de Hilbert

El gran matemático alemán David Hilbert situó en un hipotético hotel de infinitas habitaciones una curiosa serie de paradojas relativas a los conjuntos infinitos, la más sencilla de las cuales es la que exponemos a continuación.

A un hotel de infinitas habitaciones llega un viajero que desea pasar allí la noche. El recepcionista le dice que el hotel está lleno; pero tras unos instantes de reflexión, añade que, con la amable colaboración de los huéspedes,

---

Problema 14

Acomodar a infinitos viajeros

Al hotel de Hilbert de infinitas habitaciones, todas ellas ocupadas, llegan infinitos viajeros. ¿Cómo se podría acomodar a todos, de forma que en cada habitación hubiera un solo ocupante?

---

podrá darle acomodo. Y, así, le pide al ocupante de la habitación n.º 1 que se traslade a la habitación n.º 2, al de la 2 le pide que se traslade a la 3, al de la 3 le pide que se traslade a la 4... Es decir, le pide a cada huésped que se traslade a la habitación siguiente, con lo que queda libre la n.º 1 para el recién llegado.

El paraíso de Cantor

Por tanto, y una vez aclaradas algunas paradojas, parecería que todos los infinitos son, por así decirlo, del mismo tamaño. ¿Cómo podría haber un infinito más grande que otro si, por definición, lo infinito es lo que no tiene fin? Y, sin embargo...

A finales del siglo XIX, Georg Cantor, uno de los creadores de la teoría de conjuntos, que es la base de la matemática moderna, intentó demostrar que todos los conjuntos infinitos son numerables, es decir, que pueden ponerse en correspondencia biunívoca con el conjunto de los números naturales. Demostró, por ejemplo, que el conjunto de todas las fracciones es numerable, considerándolas parejas de números enteros (de hecho son parejas de enteros separadas por una barra) y ordenándolas de forma sistemática y exhaustiva: $1/1$, $1/2$, $2/1$, $1/3$, $2/3$, $3/3$, $3/2$, $3/1$, $1/4$, $2/4$, $3/4$, $4/4$, $4/3$, $4/2$, $4/1$... Con este método se repiten muchas veces (infinitas) las mismas fracciones, puesto que $1/2$ es igual a $2/4$, $3/6$, etcétera, pero podemos estar seguros de no dejarnos ninguna, y confeccionar una lista completa y ordenada de todas las fracciones, lo que equivale a numerarlas.

Sin embargo, al intentar hacer lo mismo con los números irracionales (los que no pueden expresarse mediante una fracción y, por ello, tienen infinitos decimales), todos los intentos de Cantor fracasaron, y al final demostró lo contrario de lo que pretendía demostrar: que el conjunto de los números irracionales no es numerable, lo que equivale a decir que es un infinito de orden superior que el de los números naturales. El «método diagonal» con el que Cantor demostró la no numerabilidad de los números irracionales supuso un hito en el desarrollo de las matemáticas y en nuestra visión del mundo. En esencia, es el siguiente.

Supongamos que hemos confeccionado una lista completa de los números irracionales comprendidos entre 0 y 1 ordenados arbitrariamente:

0,356987562365...
0,897652439756...
0,467589873545...
0,648213408764...

Formemos ahora un nuevo número tal que su primer decimal no sea 3 (que es el primer decimal del primer número de la lista), que su segundo decimal no sea 9 (que es el segundo decimal del segundo número), que su tercer decimal no sea 7, que su cuarto decimal no sea 2, y así sucesiva e indefinidamente. Obtendremos un número que será distinto del primero al menos en el primer decimal, distinto del segundo al menos en el segundo decimal, distinto del tercero al menos en el tercer decimal... Es decir, obtendremos un número que no está en la lista. Y esto podríamos hacerlo con cualquier lista, luego no podemos hacer una lista completa de los números irracionales, lo que equivale a decir que no son numerables.

Cantor llamó «transfinitos» a estos infinitos de distintos niveles, demostró que había infinitos de ellos y los designó con la letra hebrea álef seguida de un subíndice: $\aleph_0$ (o álef-0) es el conjunto de los números naturales, y $\aleph_1$ (o álef-1) es el conjunto de los números reales (que incluye los racionales y los irracionales).

La demostración de que los números irracionales eran «más infinitos» que los naturales desencadenó una auténtica batalla campal entre los matemáticos de finales del XIX. Y no era la primera vez que los irracionales (haciendo honor a la acepción más común de su equívoco nombre) desataban pasiones: como ya hemos mencionado, su descubrimiento mismo, dos mil quinientos años antes, había consternado a los pitagóricos, y, como ya sabemos, parece ser que su descubridor, Hipasio de Metaponto, fue arrojado al mar por revelar el terrible secreto de que había números que no podían expresarse como la razón —el cociente— entre dos números enteros (de ahí el nombre de irracionales). Es notable que en ambas ocasiones fuera una diagonal el origen de la conmoción:

la diagonal del cuadrado en el primer caso y la diagonal de Cantor en el segundo.

Algunos matemáticos, con Leopold Kronecker a la cabeza, se negaban a aceptar el infinito como concepto aritmético, por lo que los distintos grados de infinitud establecidos por Cantor provocaron sus iras. Kronecker, que dijo que Dios solo creó los números naturales y los demás son obra del hombre, arremetió contra Cantor con una saña más propia de los legendarios asesinos de Hipasio que de un científico, y llegó a acusarlo de corromper a la juventud con «conceptos perniciosos heredados de oscuras filosofías».

Pero los números transfinitos de Cantor pronto demostraron que, lejos de prolongar antiguas oscuridades, venían a iluminar nuevas y fecundas regiones de la matemática y del pensamiento.

¿Y hay transfinitos «más infinitos» que los números reales? Pues sí: una sucesión infinita de ellos (toda una «terrible dinastía», como los denominó Borges), por más que la razón desfallezca ante tal perspectiva. Así, álef-dos es el conjunto de todas las funciones reales, y álef-tres... Pero, alto, nos estamos adentrando en el abstruso dominio de las matemáticas superiores, sobrepasando los límites de esta breve introducción, que, al igual que este libro, llega a su fin. Una introducción con la que espero, pese a la dificultad intrínseca del tema, haber logrado ofrecer una vislumbre de lo que el gran matemático David Hilbert denominó el «Paraíso de Cantor».

Georg Cantor (1845-1918)

Tomando como punto de partida los escritos pioneros del matemático checo Bernhard Bolzano sobre las paradojas del infinito, Cantor publicó en 1874 su primer trabajo sobre teoría de conjuntos. Demostró que el número de puntos de un segmento es igual al número de puntos de una línea infinita, de un plano y de cualquier espacio. Posteriormente descubrió que el infinito de los números irracionales no es numerable, por lo que se trata de un infinito superior al de los números naturales, y a partir de este descubrimiento introdujo la noción de números transfinitos y articuló una aritmética transfinita completa. Sin embargo, muchos matemáticos de la época no aceptaban el concepto de infinito, por lo que Cantor se ganó algunos enemigos influyentes, entre ellos, su antiguo maestro Leopold Kronecker. La hostilidad de algunos colegas afectó profundamente a Cantor, que a pesar de obtener importantes galardones y reconocimientos, acabaría ingresado en un centro psiquiátrico. Ø

Apéndices

Soluciones

Problema 1. Hallar un número

Si llamamos n al número en cuestión y lo representamos como ab en nuestra notación posicional decimal, n tiene a decenas y b unidades, luego $n = 10a + b$. Al invertir el orden de sus cifras obtenemos otro número cuya notación es ba, y cuyo valor es, por tanto, $10b + a$, y como nos dicen que al restarlo del número originario da 72, tenemos que $10a + b - 10b - a = 72$, luego $9a - 9b = 72$, es decir, $a - b = 8$, donde a y b son dígitos, y por consiguiente $a = 9$ y $b = 1$, puesto que son los únicos dos dígitos cuya diferencia es 8. El número buscado es 91.

Problema 2. ¿Cuánto dura un año?

Cada 400 años hay 97 bisiestos (100 divisibles por 4 menos 4 divisibles por 100 más 1 divisible por 400); por tanto, 400 años tienen $400 \times 365 + 97 = 146\,097$ días, luego la duración real de un año es 146 097 : 400 = 365,2425 días, o lo que es lo mismo, 365 días, 5 horas, 49 minutos y 12 segundos. En realidad, el año dura un poco menos: 365,242190402 días, o sea, 365 días, 5 horas, 48 minutos y 45,25 segundos; pero con esta aproximación solo se comete un error anual inferior a medio minuto.

Problema 3. No primos

Consideremos un número n de tres cifras. Si su notación decimal es abc, tenemos $n = 100a + 10b + c = (99 + 1)a + (9 + 1)b + c = 99a + a + 9b + b + c$, y puesto que $99a$ y $9b$ son divisibles por 3 cualesquiera que sean los valores de a y b, si $a + b + c$ es divisible por 3, también lo será n, y por tanto no es primo.

Problema 4. ¿Cuántos granos en total?

Sería muy pesado sumar los 64 sumandos correspondientes a los granos de cada casilla, pero por fortuna no es necesario: basta con ver que en cada casilla hay tantos granos como en todas las anteriores más uno. Por lo tanto, si en la última casilla hay 9 223 372 036 854 755 808 granos de trigo, en total habrá el doble de esta cantidad menos 1, o sea: 18 446 744 073 709 551 615.

Problema 5. Llenar Italia de conejos

Al final del segundo año, cada una de las 233 parejas de conejos habría dado lugar a otras 233, o sea, 54 299, cada una de las cuales daría lugar a otras 233 al final del tercer año. En seis años, habría unos 600 000 millones de parejas de conejos, suficientes para llenar toda Italia con una media de dos parejas por metro cuadrado.

Problema 6. Suma de diez números consecutivos

Si llamamos a y b a los dos primeros de diez números consecutivos de una sucesión de Fibonacci, la secuencia será: a, b, $a + b$, $a + 2b$, $2a + 3b$, $3a + 5b$, $5a + 8b$, $8a + 13b$, $13a + 21b$ y $21a + 34b$; sumando los diez números obtenemos $55a + 88b = 11(5a + 8b)$, y $5a + 8b$ es el séptimo de los números. Como esto se cumple cualesquiera que sean los valores iniciales a y b, la relación entre el 7.º miembro y la suma de todos se cumplirá para cualquier secuencia de diez números de Fibonacci consecutivos.

Problema 7. Una expresión sorprendente

Llamando x a la «expresión sorprendente», vemos que $x = \sqrt{(1 + x)}$, de donde $x^2 = 1 + x$, que es precisamente la ecuación mediante la que hallamos el valor de φ.

Problema 8. Calcular la altura de un poste en un día nublado

Pones el espejito en el suelo no lejos de la base del poste (a un metro o dos) y te desplazas hasta ver reflejado en el espejo el extremo superior del poste. Tendrás así dos triángulos rectángulos semejantes cuyos catetos serán, respectivamente, la altura del poste y la distancia de su base al espejo, y tu propia altura y la distancia de tus pies al espejo (las hipotenusas son las líneas imaginarias que unen la punta del poste con el espejo y este con tu ojo, pero no las necesitas).

Problema 9. Baldosas regulares

Solo tenemos tres opciones: triángulos equiláteros, cuadrados o hexágonos regulares. Los ángulos del triángulo equilátero son de 60º, los del cuadrado de 90º y los del hexágono regular de 120º, y son los únicos, de entre los ángulos de los polígonos regulares, que al multiplicarlos por un número entero dan 360º. Así, en un vértice de un pavimentado regular pueden confluir 6 triángulos equiláteros, 4 cuadrados o 3 hexágonos regulares; no hay más posibilidades.

Problema 10. De un solo trazo

Para poder dibujar el sobre de un solo trazo, hay que partir de uno de los dos vértices inferiores y terminar en el otro, pues son los únicos en los que confluyen un número impar de segmentos, lo que nos permite salir, llegar y volver a salir de uno de ellos, y llegar, salir y volver a llegar al otro.

Problema 11. Calcular la densidad de la Tierra

En la fórmula $F = Gm_1m_2/d^2$, F es $9{,}8x$ y m_1(tu masa) es x, por lo que $9{,}8x = Gxm_2/d^2$, y simplificando (dividiendo por x ambos miembros de la igualdad) queda $9{,}8 = Gm_2/d^2$, donde m_2 es la masa de la Tierra y d el radio en metros: $d = 6\,371\,000$ m. De donde $m_2 = 9{,}8d^2/G$, y como $G = 6{,}67384 \times 10^{-11}$, $m_2 = 5{,}97 \times 1024$ kg. Para hallar la densidad de nuestro planeta, solo tienes que dividir su masa por su volumen, que viene dado por la fórmula $4\pi r^3/3$. Si haces bien todas las operaciones, obtendrás para la densidad de la Tierra un valor aproximado de 5,5 (debido a su núcleo de hierro y níquel, es cinco veces y media más densa que el agua).

Problema 12. Conectividad media

Es una pregunta trampa, pues la respuesta parece 1000, pero en cada conexión intervienen dos neuronas, luego por término medio cada neurona se conecta con otras 2000 (al multiplicar 2000 por 100 000 millones, obtenemos 200 billones de conexiones, pero de este modo contamos cada conexión dos veces, por lo que para obtener el número real de conexiones, que es de unos 100 billones, hemos de dividir 200 billones por 2).

Problema 13. El gen del albinismo

Si una de cada n personas es portadora del gen del albinismo, solo en una de cada n^2 parejas serán portadores ambos miembros, y solo uno de cada cuatro hijos recibirá el gen recesivo de ambos progenitores, condición necesaria para que el albinismo se manifieste. Por tanto, $4n^2 = 10\,000$, de donde $n = 50$. Una de cada 50 personas es portadora del gen del albinismo.

Problema 14. Acomodar a infinitos viajeros

Al ocupante de la habitación 1 lo trasladamos a la 2; al de la 2, a la 4; al de la 3, a la 6, y así sucesiva e indefinidamente, asignando a cada huésped la habitación cuyo número es el doble del número de la que ocupaba antes. De este modo quedan libres las infinitas habitaciones cuyo número es impar y podemos acomodar a los infinitos viajeros recién llegados.

Bibliografía recomendada

E. Castelnuovo, *La geometría*, Ketres Editora, 1981.

Una excelente introducción a la geometría y sus fundamentos a cargo de esta gran matemática y divulgadora italiana. Las figuras geométricas se abordan a partir de su presencia en la naturaleza, en el arte y en las construcciones humanas, con lo que sus características y propiedades se vuelven accesibles desde la intuición y la imaginación. Especialmente interesante el capítulo dedicado a la simetría en la naturaleza.

C. Frabetti, *¿El huevo o la gallina?*, Alianza Editorial, 2015.

El subtítulo del libro, Preguntas tontas y respuestas sorprendentes, *da idea de su contenido: una colección de textos breves que, partiendo de preguntas comunes que a primera vista pueden parecer ingenuas, intenta acercar algunos temas claves de la matemática, la ciencia y la epistemología a un público no especializado. Basta con citar los títulos de algunos de los capítulos-preguntas, como: «¿Por qué 11 es once y no dos?», «¿En qué se parece una taza a una rosquilla?» o «¿Hay algo mayor que el infinito?», para comprender que* Las matemáticas de la naturaleza *y ¿El huevo o la gallina? son libros estrechamente emparentados.*

G. Gamow, *Uno, dos, tres... infinito*, Espasa Calpe, 1969.

A pesar de haber sido publicado por primera vez en 1947, este magnífico libro sigue siendo una de las mejores introducciones al mundo de las matemáticas —y de la ciencia en general—, así como un com-

pleto muestrario de las peripecias del pensamiento cuantitativo. En la primera parte, «Jugando con los números», quienes estén interesados en ampliar algunos de los conceptos expuestos aquí, podrán hacerlo de la mano de uno de los padres de la teoría del big bang, *que es a la vez uno de los mejores divulgadores científicos de nuestro tiempo.*

M. Gardner, *Orden y sorpresa*, Alianza Editorial, 1987.

Probablemente el mejor libro del maestro Martin Gardner, el más grande divulgador de las matemáticas de todos los tiempos (exceptuando a Euclides). El libro consta de una treintena de textos breves aparentemente independientes, pero que, haciendo honor al título, nos sorprenden con su esclarecedor orden interno, con su tupida red de nexos sutiles y referencias cruzadas. Los títulos de los capítulos no podrían ser más sugerentes: «Las matemáticas y las costumbres tradicionales», «La cotorra matemática», «Los números y sus símbolos», «Cómo no hablar de la matemática»...

P. Hemenway, *El código secreto*, Evergreen, 2008.

Un hermoso libro, profusamente ilustrado, sobre la proporción áurea en la naturaleza y en el arte. Desde el teorema de Pitágoras y los sólidos de Platón hasta los mosaicos de Penrose, pasando por los postulados de Euclides, los números de Fibonacci, la música de las esferas de Kepler y los fractales de Mandelbrot, la autora lleva a cabo un fascinante recorrido por la historia de la geometría y su relación con nuestro sentido de la belleza, con la divina proporción como tema recurrente.

D. R. Hofstadter, *Gödel, Escher, Bach*, Tusquets Editores, 1987.

Un clásico contemporáneo, un libro imprescindible que profundiza en el significado de las matemáticas y su relación con la vida y con el funcionamiento de la mente de una manera a la vez rigurosa y amena. Como dijo Martin Gardner: «Ocurre que una vez cada tantas décadas surge un autor desconocido con un libro de tal profundidad, claridad, amplitud, talento, belleza y originalidad que se convierte en el mayor evento literario. Es el caso de Gödel, Escher, Bach».

H. Rademacher y O. Toeplitz, *Números y figuras*, Alianza Editorial, 1970.

Un clásico en su género y una auténtica obra maestra de la divulgación. Otto Toeplitz fue discípulo de David Hilbert y uno de los más brillantes matemáticos alemanes del siglo pasado, y en colaboración con Hans Rademacher, catedrático de la Universidad de Hamburgo y luego profesor en Estados Unidos, escribió la más completa, rigurosa y asequible introducción a las matemáticas que conozco, con constantes referencias a situaciones reales y dando muestras de una extraordinaria habilidad para llegar a las ideas y las demostraciones matemáticas con un lenguaje a la vez coloquial y preciso.

L. Ruiz de Gopegui y B. Gopegui, *Big bang: el blog de la verdad extraordinaria*, Ediciones SM, 2014.

Un prestigioso astrofísico y una excelente novelista, que además son padre e hija, han unido sus fuerzas en este delicioso libro de introducción al pensamiento científico, dirigido especialmente a un público juvenil pero adecuado para cualquiera que mantenga viva la chispa de la curiosidad y el entusiasmo por aprender. No es un libro sobre matemáticas, pero sí sobre el pensamiento lógico-matemático, y bastaría el capítulo dedicado a la relatividad para justificar su inclusión en esta breve bibliografía.

R. Smullyan, *Satán, Cantor y el infinito*, Editorial Gedisa, 1995.

La más clara y divertida introducción al abstruso tema del infinito jamás escrita. El libro es una colección de acertijos lógicos que abordan desde los aspectos más elementales de las matemáticas hasta los más sutiles, como los números transfinitos de Cantor o los teoremas de Gödel. Como ha dicho Douglas Hofstadter: «Raymond Smullyan tiene el don de transformar los temas más abstractos y arcanos de la matemática y la lógica en imágenes concretas y encantadoras».

Blogs y páginas web

Algo más que números
   http://algomasquenumeros.blogspot.com.es

Carnaval de matemáticas
   http://carnavaldematematicas.bligoo.es

Sector matemática
   http://www.sectormatematica.cl/recreativa.htm

Redemat
   http://www.recursosmatematicos.com/recreat.html

Mirada matemática
   https://matemirada.wordpress.com

Matematicalia
   http://www.matematicalia.net

Divulgamat
   http://www.divulgamat.net

El juego de la ciencia
   http://elpais.com/agr/el_juego_de_la_ciencia

Glosario

Divina proporción: Si dividimos un segmento rectilíneo en dos partes, *a* y *b*, tales que la razón entre la parte mayor y la menor sea igual a la razón entre el segmento entero y la parte mayor, o sea, $a/b = (a+b)/a$, dicha razón se denomina número áureo o divina proporción. Se suele representar por la letra griega φ y su valor es 1,6180... Esta proporción aparece a menudo en la naturaleza y en el propio cuerpo humano, lo que explica que se encuentre estrechamente relacionada con nuestro sentido de la belleza y haya sido utilizada recurrentemente por artistas de todos los campos y todas las épocas.

Fractal: Objeto geométrico cuya estructura básica se repite a distintas escalas. Dicho de otro modo, si observamos un objeto fractal con lupas cada vez más potentes, veremos siempre las mismas formas. Un objeto fractal es «autosemejante» a todos los niveles, en el sentido de que está hecho de copias de sí mismo cada vez más pequeñas. En la naturaleza abundan los objetos autosemejantes (como las nubes, las montañas o las líneas costeras) cuya estructura es aproximadamente fractal.

Geometría: Es la parte de las matemáticas que estudia las propiedades de los puntos, las líneas (tanto rectas como curvas), los ángulos y las figuras, tanto en el plano como en el espacio. Su nombre significa, en griego, 'medición de la tierra', porque empezó utilizándose para medir y delimitar los campos.

Geometría euclídea: Es la geometría que se ciñe a los postulados de Euclides, y muy concretamente al quinto, que dice que por un punto exterior a una recta se puede trazar una y solo una paralela a ella. Si partimos de un supuesto contrario al quinto postulado (por ejemplo, que por un punto exterior a una recta se pueden trazar infinitas paralelas, o ninguna), obtenemos geometrías no euclídeas. Y aunque la intuición nos dice que la geometría euclídea es la que describe el mundo real, la física del siglo XX, con la relatividad de Einstein y la mecánica cuántica, demostró que las geometrías no euclídeas son más adecuadas para elaborar un modelo operativo de la realidad.

Números

Irracionales: Los que no pueden expresarse como la razón entre dos números enteros, es decir, como una fracción (y, por tanto, tienen infinitos decimales no periódicos). Algunos números irracionales tienen nombre propio por su gran importancia en diversas ramas de las matemáticas, como $\pi = 3,14159...$ o $\varphi = 1,6180...$

Naturales: Los enteros y positivos. Se llaman así porque son los que se utilizan al enumerar o contar los objetos que hay en la naturaleza. El infinito conjunto de los números naturales se suele representar con la letra ℕ.

Primos: Los enteros que solo son divisibles por sí mismos y por la unidad. Los enteros no primos se llaman compuestos, porque pueden descomponerse en producto de varios primos. Hay infinitos números primos, y su distribución no sigue una pauta regular. Por su singularidad, el 1 no se considera primo.

Racionales: Los que pueden expresarse como la razón de dos números enteros, es decir, como una fracción. Los números racionales, o bien tienen un número finito de decimales, o bien sus decimales, si son infinitos, se repiten en bloques llamados períodos; por ejemplo 17/99 = 0,171717...

Progresión

Aritmética: Sucesión de números tales que cada uno es igual al anterior más otro número, constante, denominado «razón». Así, la secuencia 1, 4, 7, 10, 13... es una progresión aritmética de razón 3.

Geométrica: Sucesión de números tales que cada uno es igual al anterior multiplicado por otro número, constante, denominado «razón». Así, la secuencia 1, 2, 4, 8, 16... es una progresión geométrica de razón 2, puesto que cada número es el doble del anterior. Muchos procesos naturales, sobre todo los relacionados con el desarrollo y la reproducción de los seres vivos, crecen al vertiginoso ritmo de las progresiones geométricas.

Topografía: Es el conjunto de técnicas y procedimientos que se utilizan para describir y representar gráficamente la superficie de un terreno. Los planos topográficos, para dar cuenta de la tridimensionalidad de los territorios representados, suelen utilizar las denominadas «curvas de nivel», que unen los puntos situados a la misma altura con respecto al nivel del mar u otro referente.

Topología: Es la rama de las matemáticas que estudia las propiedades de los objetos geométricos que no varían al transformarlos de forma continua (es decir, sin romperlos ni pegarlos). La topología se ocupa de conceptos como continuidad, contigüidad, conectividad o compacidad, y prescinde del tamaño y la forma concreta de los objetos.